工程应用型院校计算机系列教材

安徽省高等学校“十三五”省级规划教材

胡学钢◎总主编

Java语言程序设计教程

JAVA YUYAN CHENGXU SHEJI JIAOCHENG

第2版

主　编　刘政怡　郭　星

副主编　王华彬

北京师范大学出版集团
BEIJING NORMAL UNIVERSITY PUBLISHING GROUP
安徽大学出版社

图书在版编目(CIP)数据

Java 语言程序设计教程 / 刘政怡，郭星主编. -- 2 版. -- 合肥 ：安徽大学出版社，2025. 1. --（工程应用型院校计算机系列教材）. -- ISBN 978-7-5664-2898-1

Ⅰ. TP312. 8

中国国家版本馆 CIP 数据核字第 202499H2L1 号

胡学钢 总主编

Java 语言程序设计教程（第 2 版）

刘政怡 郭 星 主 编

出版发行：北京师范大学出版集团
安 徽 大 学 出 版 社
（安徽省合肥市肥西路 3 号 邮编 230039）
www. bnupg. com
www. ahupress. com. cn

印 刷：安徽利民印务有限公司

经 销：全国新华书店

开 本：787 mm×1092 mm 1/16

印 张：19. 75

字 数：457 千字

版 次：2025 年 1 月第 2 版

印 次：2025 年 1 月第 1 次印刷

定 价：59. 50 元

ISBN 978-7-5664-2898-1

策划编辑：刘中飞 宋 夏

责任编辑：宋 夏

责任校对：陈玉婷

装帧设计：李 军 孟献辉

美术编辑：李 军

责任印制：赵明炎

编写说明

计算机科学与技术的迅速发展，促进了许多相关学科领域以及应用分支的发展，同时也带动了各种技术和方法、系统与环境、产品以及思维方式等的发展，由此进一步激发了对各种不同类型人才的需求。按照教育部计算机科学与技术专业教学指导委员会的研究报告来分，可将学校培养的人才类型分为科学型、工程型和应用型三类，其中科学型人才重在基础理论、技术和方法等的创新；工程型人才以开发实现预定功能要求的系统为主要目标；应用型人才以系统集成为主要途径实现特定功能的需求。

虽然这些不同类型人才的培养在知识体系、能力构成与素质要求等方面有许多共同之处，但是由于不同类型人才的潜在就业岗位所需要的责任意识、专业知识能力与素质、人文素养、治学态度、国际化程度等方面存在一定的差异，因而在培养目标、培养模式等方面也存在不同。对大多数高校来说，很难兼顾各类人才的培养。因此，合理定位培养目标是确保培养目标和人才培养质量的关键。

由于当前社会领域从事工程开发和应用的岗位数量远远超过从事科学研究的岗位数量，结合当前绝大多数高校的办学现状，2012 年，安徽省高等学校计算机教育研究会在和多所高校专业负责人，以及来自企业的专家反复研究和论证的基础上，确定了以培养工程应用型人才为主的安徽省高等学校计算机类专业的培养目标，并组织研讨组共同探索相关问题，共同建设相关教学资源，共享研究和建设成果，为全面提高安徽省高等学校计算机教育教学水平作出积极的贡献。北京师范大学出版集团安徽大学出版社积极支持安徽省高等学校计算机教育研究会的工作，成立了编委会，组织策划并出版了全套工程应用型计算机系列教材。由于定位合理，本系列教材被评为安徽省高等学校“十二五”省级规划教材，并且其修订版于 2018 年 4 月被评为安徽省高等学校“十三五”省级规划教材。

为了做好教材的出版工作，编委会在许多方面都采取了积极的措施。

教材建设与时俱进：近年来，计算机专业领域发生了一些新的变化，例如，新工科工程教育专业认证、大数据、云计算等。这些变化意味着高等教育教材建设需要进行改革。编委会希望能将上述最新变化融入新版教材的建设中去，以体现其时代性。

编委会组成的多元化：编委会不仅有来自高校教育领域的资深教师和专家，还有从事工程开发、应用技术的资深专家，从而为教材内容的组织提供更为有力的支持。

教学资源建设的针对性：教材以及教学资源建设的目标是突出体现"学以致用"的原则，减少"学不好，用不上"的空泛内容，增加应用案例，尤其是增设涵盖更多知识点和提高学生应用能力的系统性、综合性的案例；同时，对于部分教材，将MOOC建设作为重要内容。双管齐下，激发学生的学习兴趣，进而培养其系统解决问题的能力。

建设过程的规范性：编委会对整体的框架建设、每种教材和资源的建设都采取汇报、交流和研讨的方式，以听取多方意见和建议；每种教材的编写组也都进行反复的讨论和修订，努力提高教材和教学资源的质量。

如果我们的工作能对安徽省高等学校计算机类专业人才的培养作出一些贡献，那将是我们的荣幸。真诚欢迎有共同志向的高校、企业专家提出宝贵的意见和建议，更期待你们参与我们的工作。

胡学钢

2024年8月

编委会名单

前　　言

Java从1995年诞生以来，已经有近30年的历史，且随着手机APP的迅猛发展，Java显得愈加重要。读者更希望用最短的时间尽快掌握Java的基本使用，再针对具体的应用，深入学习，比如Java Web、JDBC、Java EE、Android等。本书正是为满足此需求而编写的，意在提供一本Java基础教程，使读者可以快速掌握Java的应用方法。

本书采用“知识点＋例题＋练习＋课后习题”的结构体系。在介绍知识点之后，通过例题继续阐述，通常文字难于理解，但是通过例题的讲解，会使读者易于理解。然后提供一些针对性的练习，使读者现学现用，在加深理解的同时，增强读者的成就感，使读者信心倍增，有继续往前学习的动力。最后每章都提供课后习题，将整章知识点串在一起，加深对知识点的融会贯通。让读者通过深入浅出的学习，以及针对性和综合性的练习，能够准确掌握Java程序设计语言的用法。

本书内容涉及Java SE的诸多内容，包括Java概述，Java基本语法，Java的类与对象，子类与继承，数组、字符串与枚举，异常处理，输入/输出流，泛型与集合，图形用户界面等。本书第1章从Java的历史开始，介绍Java语言的特性、分类、程序结构及基本的上机操作方法。第2章简单讲述Java的基本语法，并且只列出其与C语言的不同之处，因此本书读者应该具有C语言基础。第3章介绍Java程序设计语言不同于C语言的特色，即面向对象的特性，指出在编写Java程序时，要抱有“一切皆为对象”的思想，即使在一些简单的应用中，使用面向过程可能更容易解决，但是尽早地养成面向对象编程的习惯，是现代程序员必须具备的特质。第4章重点介绍Java面向对象的各项基本知识点，包括方法重载、变量作用域、构造方法、内存管理、参数传递、可变参数、类成员与实例成员、包、import语句及由此产生的访问权限问题。第5章针对面向对象的继承性，阐述Java语言的子类继承关系、接口、抽象等相关概念，并通过例题阐述如何面向抽象编程及面向接口编程，以及二者的区别。第6章介绍数组、字符串与枚举的使用，由于其不同于C语言中的字符串处理方式，且充分体现了Java类的特性，因此在本章中，编者不仅告诉读者如何使用字符串类，更重要的是让读者领会一旦包装成类之后，就具有了封装性，使用起来更加方便。第7章介绍Java的异常处理机制，这是Java很不同于C语言的地方。第8章介绍基本的输入/输出处理方式，方便用户从文件中操作数据。Java将输入/输出流都定义为对象，可见类和对象的概念深入骨髓。第9章介绍泛型机制及集合框架，强调利用集合框架可以有效合理地组织程序中的数据。第10章介绍如何制作图形用户界面，突破单调的命令行方式，使得编写的程序具有良好的用户交互体验。

本书由刘政怡提出编写思想并撰写提纲，由刘政怡和郭星统稿、定稿。全书共10章，第1～4章由刘政怡编写，第5、6章由王华彬编写，第7～10章由郭星编写，本书在几位作者多次交叉互审、交流后，完成最终版本。李学俊、周鹏、韩先君对本书编写进行了指导。在编写过程中，编者参阅了大量文献资料。在此，对三位老师和文献资料的作者表示诚挚的感谢。

由于编者水平有限，书中难免存在不足之处，敬请广大读者批评指正。

编　者

2024年9月

目　　录

第1章 Java概述

1.1 Java的历史

Java是在1995年5月23日召开的Sun World大会上发布的一种程序设计语言及开发平台。

1991年4月，Sun公司的詹姆斯·高斯林(James Gosling)领导的绿色计划(Green Project)开始为家用消费电子产品开发一个分布式代码系统，旨在实现通过发邮件的方式控制电冰箱、电视机等家用电器。因为Green项目组的成员都具有C++背景，所以他们首先把目光聚焦在C++上。Gosling首先改写了C++编译器，但很快他就感到C++的很多不足，于是开始研发一种新的语言。这就是Java的前身Oak语言，据说是因为Gosling办公室的窗外有一棵橡树，所以将其命名为Oak。

Oak是一种用于网络的精巧而安全的语言，Sun公司曾依此投标了一个交互式电视项目，但结果被硅图公司(SGI)打败。就在Oak几近失败之时，第一个万维网浏览器Mosaic诞生了，此时，工业界对适合在网络异构环境下使用的语言有着一种非常急迫的需求，Gosling决定改变绿色计划的发展方向，对Oak进行小规模的改造，就这样，Java诞生了！之所以没有以Oak发布，是因为Oak已经被一家显卡制造商注册。于是他们起了另一个名字：Java，意为这种程序设计语言会像"爪哇咖啡"一样誉满全球。

1995年，Sun虽然推出了Java，但这只是一种语言，如果开发复杂的应用程序，须有一个强大的开发库支持才行。因此，Sun在1996年1月23日发布了JDK 1.0。这个版本包括了两部分：运行环境JRE和开发环境JDK。运行环境中包括了核心API、集成API、用户界面API、发布技术、Java虚拟机(JVM)五个部分。在JDK 1.0时代，JDK除了用于开发图形用户界面AWT库外，其他的库并不完整。

Sun在推出JDK 1.0后，在1997年2月19日发布了JDK 1.1。JDK 1.1相对于JDK 1.0最大的改进就是为JVM增加了即时编译器JIT(Just-In-Time)。JIT和传统的编译器不同，传统的编译器是编译一条，运行完后将其扔掉，而JIT会将经常用到的指令保存在内存中，在下次调用时就不需要再编译了。这样JDK在效率上有了非常大的提升。

Sun在推出JDK 1.1后，接着又推出了数个JDK 1.x版本。自从Sun推出Java

后，JDK 的下载量不断飙升，在 1997 年，JDK 的下载量突破了 220，000，而在 1998 年 2 月，JDK 的下载量已经超过了 2，000，000。

虽然在 1998 年之前，Java 被众多的软件企业所采用，但由于当时硬件环境和 JVM 的技术原因，它的应用却很有限。当时 Java 只在前端的 Applet 以及一些移动设备中被使用。然而这并不等于说 Java 的应用只限于这些领域。

1998 年 12 月 4 日，Sun 发布了JDK 1.2。这个版本标志着 Java 已经进入Java 2 时代。这个时期也是 Java 飞速发展的时期。Java 分成了 J2EE、J2SE 和 J2ME，标志着 Java 已经吹响了向企业、桌面和移动三个领域进军的号角。JDK 1.2还将它的 API 分为核心 API、可选 API、特殊 API 三大部分。除此之外，Java 2还增加了很多新的特性，其中最吸引眼球的当数 Swing 了。Swing 是 Java 除了 AWT 之外的另一个图形库，它不但有各式各样先进的组件，而且连组件风格都可抽换。在 Swing 出现后，很快就抢了 AWT 的风头。但 Swing 并不是为取代 AWT 而存在的，事实上 Swing 是建立在 AWT 之上的。另外Java 2还在多线程、集合类和非同步类上做了大量的改进。

从JDK 1.2开始，Sun 以平均 2 年一个版本的速度推出新的 JDK。在 2000 年 5 月 8 日，Sun 对JDK 1.2进行了重大升级，推出了JDK 1.3。

Sun 在JDK 1.3中同样进行了大量的改进，主要表现在一些类库上（如数学运算、新的 Timer API 等）、在 JNDI 接口方面增加了一些 DNS 的支持、增加了 JNI 的支持，这使得 Java 可以访问本地资源、支持 XML 以及使用新的 Hotspot 虚拟机代替传统的虚拟机。

在JDK 1.3时代，相应的应用程序服务器也得到了广泛的应用，如第一个稳定版本 Tomcat 3.*x* 在这一时期得到了广泛的应用，WebLogic 等商业应用服务器也渐渐被接受。

Sun 在 2002 年 2 月 13 日发布了JDK 1.4。在进入 21 世纪以来，曾经在.NET 平台和 Java 平台之间发生了一次声势浩大的孰优孰劣的论战，Java 的主要问题就是性能。因此，这次 Sun 将主要精力放到了 Java 的性能上。在JDK 1.4中，Sun 放言要对 Hotspot 虚拟机的锁机制进行改进，使JDK 1.4的性能有了质的飞跃。同时由于 Compaq、Fujitsu、SAS、Symbian、IBM 等公司的参与，使JDK 1.4成为当时发展最快的一个 JDK 版本。

虽然从JDK 1.4开始，Java 的性能有了显著的提高，但 Java 面临着另一个问题，那就是复杂。

虽然 Java 是纯面向对象的语言，但它对一些高级的语言特性（如泛型、增强的 for 语句）并不支持。而且和 Java 相关的技术，如EJB 2.*x*，也由于它们的复杂而很少有人问津。也许是 Sun 意识到了这一点，于是它在 2004 年 9 月 29 日发布了JDK 1.5，同时，Sun 将JDK 1.5改名为J2SE 5.0。与JDK 1.4不同，JDK 1.4的主题是性能，而J2SE 5.0的主题是易用。Sun 之所以将版本号 1.5 改为 5.0，就是因为J2SE 5.0较以前的 J2SE 版本有很大的改进。

Sun 不仅为 J2SE 5.0 增加了诸如泛型、增强的 for 语句、可变数目参数、注解、自动拆箱和自动装箱等功能，同时，也更新了企业级规范，如通过注释等新特性改善了 EJB 的复杂性，并推出了 EJB 3.0 规范。同时又针对 JSP 的前端界面设计而推出了 JSF，它类似于 ASP. NET 的服务端控件，通过它可以很快地建立起复杂的 JSP 界面。

2005 年 6 月，JavaOne 大会召开，Sun 公司公开 Java SE 6，此时，Java 的各种版本已经更名，取消了其中的数字“2”。J2SE 更名为 Java SE，J2EE 更名为 Java EE，J2ME 更名为 Java ME。2006 年 12 月 11 日，Sun 公司发布JRE 6.0。JDK 6.0的改进包括：提供动态语言支持、提供编译 API 和微型 HTTP 服务器 API 等，同时，这个版本对 Java 虚拟机的内部做了大量改进，锁与同步、垃圾收集、类加载等方面的算法都有相当多的改动。

2009 年 4 月 20 日，甲骨文(Oracle)公司宣布用 74 亿美元收购 Sun，取得 Java 的版权。

2011 年 7 月 28 日，甲骨文公司发布Java 7的正式版，引入的新特性如下。

- switch 语句块中允许以字符串作为分支条件。
- 在创建泛型对象时应用类型推断。
- 在一个语句块中捕获多种异常。
- 提供对动态语言的支持。
- 支持 try-with-resources。
- 引入 Java NIO. 2 开发包，使开发支持多文件系统的代码更加轻松。
- 数值类型可以用二进制字符串表示，并且可以在字符串表示中添加下划线。
- 简化的可变参数方法调用。
- 对集合类的语言支持。

2014 年 3 月 19 日在 EclipseCon 大会上，Oracle 正式发布了 JDK 8，Java 8 最大的改进就是 Lambda 表达式，其目的是使 Java 更易于为多核处理器编写代码；其次，新加入的 Nashorn 引擎也使得 Java 程序可以和 JavaScript 代码互操作；再者，新的日期时间 API、GC 改进、并发改进也相当出色。

2017 年 9 月，Java 平台的主架构师 Mark Reinhold 发出提议，要求将 Java 的功能更新周期从之前的每两年一个新版本缩减到每六个月一个新版本。该提议获得了通过，自此，Java 的版本更迭迅猛。

2018 年起，阿里巴巴担任 Java 全球管理组织 JCP 的最高执行委员会成员，在

Java全球技术标准和规范的制定中拥有话语权，让“中国标准”成为全球规范。阿里之所以在全球Java开发生态中扮演如此重要的角色，是因为其在电商、金融、物流等领域拥有丰富的Java应用场景，以及迭代式创新。例如：在“双十一”活动中，面对海量的用户与数据，阿里的Java架构在稳定性与高性能上通过了一系列考验。

2023年12月19日，全球顶级开源社区云原生计算基金会(Cloud Native Computing Foundation，CNCF)正式宣布其技术监督委员会(Technical Oversight Committee，TOC)席位改选结果。阿里云资深技术专家李响入选，是该委员会有史以来首张中国面孔。

1.2 Java语言白皮书

Java是一种简单的、面向对象的、分布式的、解释的、鲁棒的、安全的、体系结构中立的、可移植的、高性能的、多线程的、动态的语言。

1. 可移植

在对Java程序设计语言的修饰中，最重要的当数可移植性，这是Java能够“write once，run anywhere”的根源。

Java的可移植性可以与C/C++语言的不可移植对比起来理解。

C/C++语言提供的编译器对C/C++源程序进行编译时，将针对当前C/C++源程序所在的特定平台进行编译、连接，然后生成特定平台的机器指令，即根据当前平台的机器指令生成可执行文件。这样一来，就无法保证C/C++编译器所产生的可执行文件在所有的平台上都能被正确地执行，这是因为不同平台可能具有不同的机器指令。如图1-1所示，在Windows操作系统上编译连接生成的可执行文件就不能在Linux操作系统上直接运行，因为两个操作系统的机器指令是不同的。因此，如果更换了平台，可能需要修改源程序，并针对新的平台重新编译连接源程序。

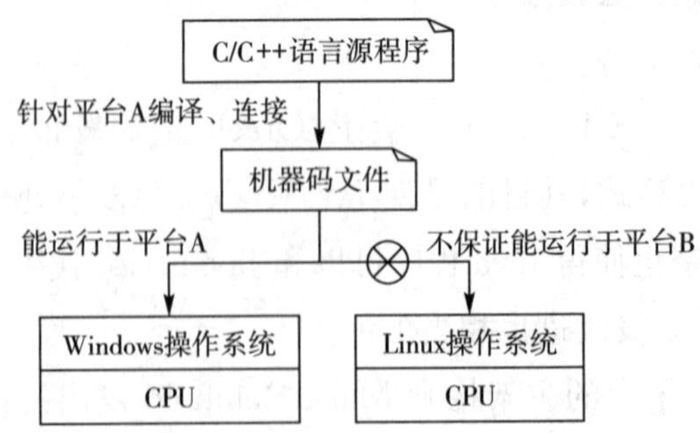

图1-1 C/C++生成的机器码文件依赖于平台

而Java语言源程序在编译时，并不针对特定平台生成可执行文件，而是生成一种中间代码，称为“字节码文件”(.class 文件)，这种字节码文件可以被 Java 运行环境(Java Runtime Environment, JRE)解释执行。当一种平台需要运行 Java 程序时，它必须安装 Java 运行环境，有了 Java 运行环境，字节码文件就可以在不同的平台上运行。Java 运行环境包括 Java 虚拟机(Java Virtual Machine, JVM)、Java 核心类库和其他执行 Java 源程序的支持文件。而在 Java 运行环境中对于 Java 的移植性起到关键性作用的就是 JVM，它是一个虚构出来的计算机，是通过在实际的计算机上仿真模拟各种计算机功能来实现的。JVM 有自己完善的硬件架构，如处理器、堆栈、寄存器等，还具有相应的指令系统，它的主要工作是翻译字节码文件，并映射到本地的 CPU 的指令集或操作系统的系统调用。Java 语言的可移植性，其实就是不同的操作系统使用不同的 JVM 映射规则，让其与操作系统无关，完成了跨平台性。而 Java 核心类库和其他执行 Java 源程序的支持文件到辅助作用，当 JVM 翻译字节码文件时，有可能需要调用 Java 核心类库的文件或支持文件。因此在本质上，正是 JVM 屏蔽掉平台的不同，使得 Java 源程序只要编译一次，生成字节码文件后，即可在不同的平台上运行。如图 1-2 所示，Java 源程序经编译生成字节码文件后，既可以在 Windows 操作系统上运行，也可以在 Linux 操作系统上运行，前提是在 Windows 操作系统上和 Linux 操作系统上都要安装 Java 运行环境。

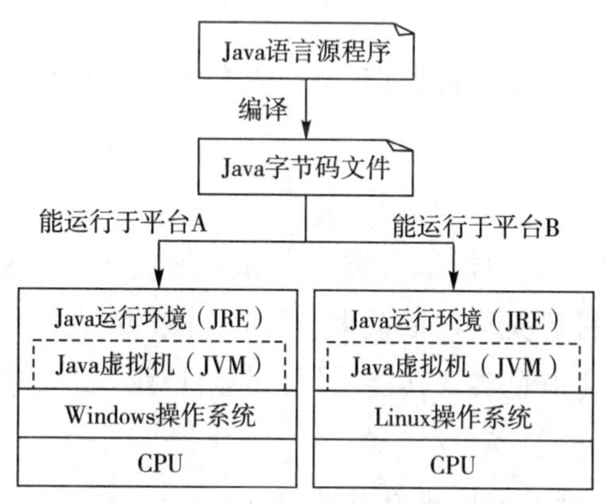

图 1-2 Java 生成的字节码文件不依赖于平台

2. 安全

Java 源程序编译后产生的字节码文件是由不同平台上安装的 Java 运行环境解释执行的，执行的过程分为以下三个步骤，如图 1-3 所示。

①加载代码：由类装载器(ClassLoader)负责完成，载入程序中包含、继承所用到的所有类，确定内存分配。

②校验代码：由字节码校验器(Byte Code Verifier)负责完成，检查是否存在伪造的指针、违法访问权限、非法访问对象、操作栈溢出、数组越界，以保证来自网络的 Java 程序不会篡改和危害本地计算机。

③执行代码:由解释器(Interpreter)或即时编译器(JIT)负责完成,将字节码翻译成机器码。

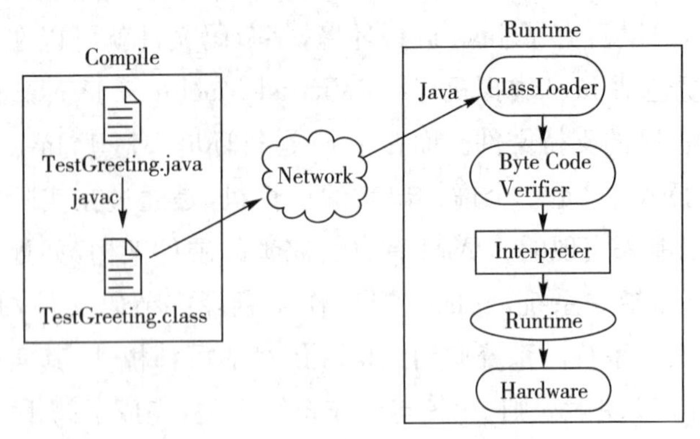

图 1-3 Java 字节码文件的执行过程

3. 鲁棒性

Java 的语法与C++类似,但是不包含C++中的不合理内容,如:

①Java 没有指针。

②Java 没有多重继承。

③Java 没有操作符重载。

Java 还提供强类型机制、异常处理、垃圾内存自动搜集机制等,以保证 Java 的鲁棒性。

4. 面向对象

Java 面向对象的编程思想模拟人类社会和人解决实际问题的模型,更符合人的思维模式,使人们更容易解决复杂的问题。面向对象编程把构成问题事务分解成各个对象,通过对象间传递消息实现功能,具有封装性、继承性、多态性。

(1)封装性

Java 将同类对象所共有的属性和行为抽象到类中实行封装,通过设置不同的访问权限,如公共的、保护的、继承的、私有的,起到控制访问的目的。

(2)继承性

Java 允许定义从父类继承而来的子类,这样的子类既具有父类的属性和行为,又具有自己独特的属性和行为。

(3)多态性

Java 通过方法重载和方法重写实现多态,即同一对象调用同一方法实现不同但又相似的功能,表现为多种形态。

1.3 Java 产品分类

Java 从 1.2 版本开始就分为 J2SE、J2EE 和 J2ME 三大类，中间的 2 表示Java 2 版本，这个名字一直沿用到Java 5.0版本，从 Java 6.0 版本开始，改称为 Java SE、Java EE、Java ME，表明 Java 版本的更新。

(1)Java SE

Java SE 是 Java 的标准版，即桌面版本，用于开发普通桌面应用程序。

Java SE 是 Java 的基础，也是本书主要介绍的内容。

用户可从 Oracle 的官网 http://www.oracle.com 下载 Java SE，并可根据操作系统的不同选择以 exe 为后缀名的安装程序，双击然后按照提示进行安装即可。

同时可以下载 Java API 帮助文档，用以在编程时查看 Java 提供的标准类库、方法等，它是编程的最好助手。

(2)Java EE

Java EE 是 Java 的企业版，主要用于进行企业级的团体合作开发、Internet 和服务器级程序的开发。

(3)Java ME

Java ME 主要用于手机、PDA 等移动通信设备、嵌入式设备或智能消费性电子产品的开发。

1.4 Java 源程序结构

C/C++语言源程序都是由一个个函数构成的，其结构通常如下。

```
int main()
{
}
子函数 1()
{
}
子函数 2()
{
}
```

而 Java 语言源程序都是由一个个类构成的，其结构通常如下。

```
class A{
    public static void main(String args[]){
```

```
    }
}
class B{
}
class C{
}
```

在Java中通常将类似于C/C++语言中的函数称为“方法”。main方法是程序的入口。

C/C++语言源程序和Java语言源程序通常采用不同的编程书写风格。C/C++语言通常采用Allmans风格，也称“独行”风格，即左、右大括号各自独占一行，而Java语言通常采用Kernighan风格，也称“行尾”风格，即左大括号在上一行的行尾，而右大括号独占一行。

注意：并不是说Java不可以采用Allmans风格，而是一般Java程序员比较习惯Kernighan风格，本书所有示例均采用Kernighan风格。

Allmans风格代码示例：

```
class Allmans
{
    public static void main(String args[])
    {
        int sum = 0,i = 0;
        for(i = 1;i< = 100;i + + )
        {
            sum = sum + i;
        }
        System.out.println(sum);
    }
}
```

Kernighan风格代码示例：

```
class Kernighan {
    public static void main(String args[]) {
        int sum = 0,i = 0;
        for(i = 1;i< = 100;i + + ) {
            sum = sum + i;
        }
        System.out.println(sum);
    }
}
```

1.5 第一个Java应用程序

【例题1.1】

```
public class HelloWorld{
    public static void main(String args[]){
        System.out.println("Hello World!");
    }
}
```

以上代码定义了一个公共的类，类名为HelloWorld，在类体中定义了一个main()方法，方法体内使用System.out.println()在屏幕上输出字符串"Hello World!"。

Java应用程序的编写、编译、运行可以只借助JDK，也可以使用Eclipse、IntelliJ IDEA等优秀的集成开发环境。

1. 利用JDK编辑、编译和运行的方法

(1)编写程序

利用记事本或其他文本编辑工具编写Java源程序，并保存。例如，将例题1.1的Java源程序输入记事本中，并保存为HelloWorld.java文件。

注意：

①Java源程序的命名有一定的要求，一定要和公共类名相同，如源程序无公共类，则无特殊要求。

②Java源程序至多有一个公共类。

③Java是区分大小写的，在命名时要确保文件名和类名完全一致。

④为防止保存为文本文件，如HelloWorld.java.txt，可将保存类型设置为"所有文件"，编码设置为"ANSI"，将文件名用双引号括起，如图1-4所示。

图1-4 Java源程序的保存

(2)进入命令行状态

在"开始"里面输入cmd，进入命令行状态，利用DOS命令进入HelloWorld所在目录，如在本例中为：

c:\ch1>

(3)javac 编译

c:\ch1>javac HelloWorld.java

(4)java 运行

c:\ch1>java HelloWorld

注意：如果程序有错，会在执行 java HelloWorld 后列出错误行号及错误类型，其中包括连带错误，因此修改程序请从第一个错误开始修改。

课堂练习 1.1

编写 Java 应用程序，在屏幕上打印：

学好 Java，报效祖国。
坚定不移，始终如初。

2. 利用 Eclipse 编译和运行的方法

Eclipse 是一个开放源代码的、基于 Java 的可扩展开发平台。就其本身而言，它只是一个框架和一组服务，用于通过插件组件构建开发环境。

Eclipse 诞生于 2001 年 11 月，由 IBM 花了 4000 万美元开发，和其他软件一样，诞生初期并没有太大的影响力。此后，IBM 将它无偿捐献给了世界开源组织 Eclipse.org，这使得 Eclipse 得到了飞速的发展。2003 年 3 月，Eclipse 3.2 版本发布，因其具有友好的界面和强大的功能而被人们广为接受。

Eclipse 是由一个很小的核心和基于这个核心之上的大量插件组成的，这种插件式的架构给了 Eclipse 强大的生命力。Eclipse 就好比一个浏览器，如果用户想浏览更多的多媒体文件，就要安装一些用来打开这些文件的插件。

任何人都可以扩展 Eclipse 的功能，这使得 Eclipse 不仅可以用来开发 Java 程序，也可以用来开发 PHP、C++、C 等其他程序。

从 Eclipse 的官网http://www.eclipse.org/下载最新版本的 Eclipse，如 eclipse-java-mars-R-win32.zip，将其解压到 C:\下，打开 eclipse 文件夹，运行 eclipse.exe 即可。

第一次运行时，需要用户选择 Java 项目保存的工作目录，如图 1-5 所示。

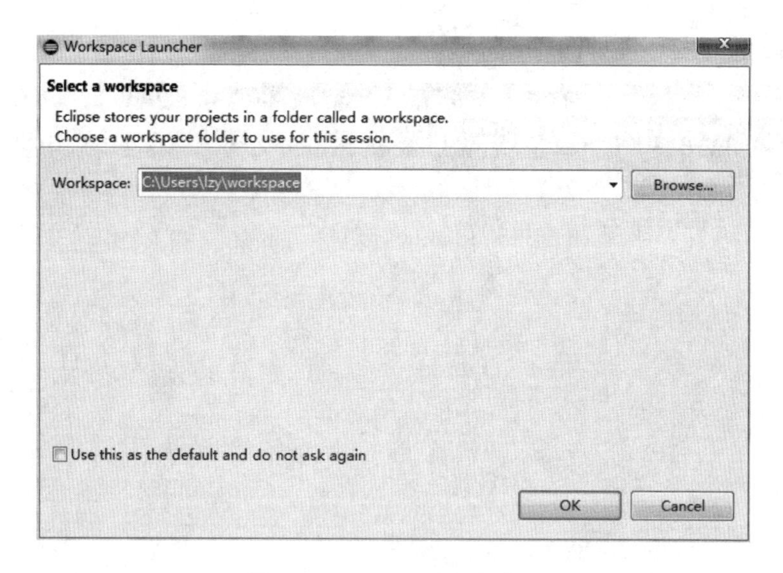

图 1-5　Eclipse 工作目录选择

选择工作目录后,单击“OK”,进入初始界面,如图 1-6 所示。

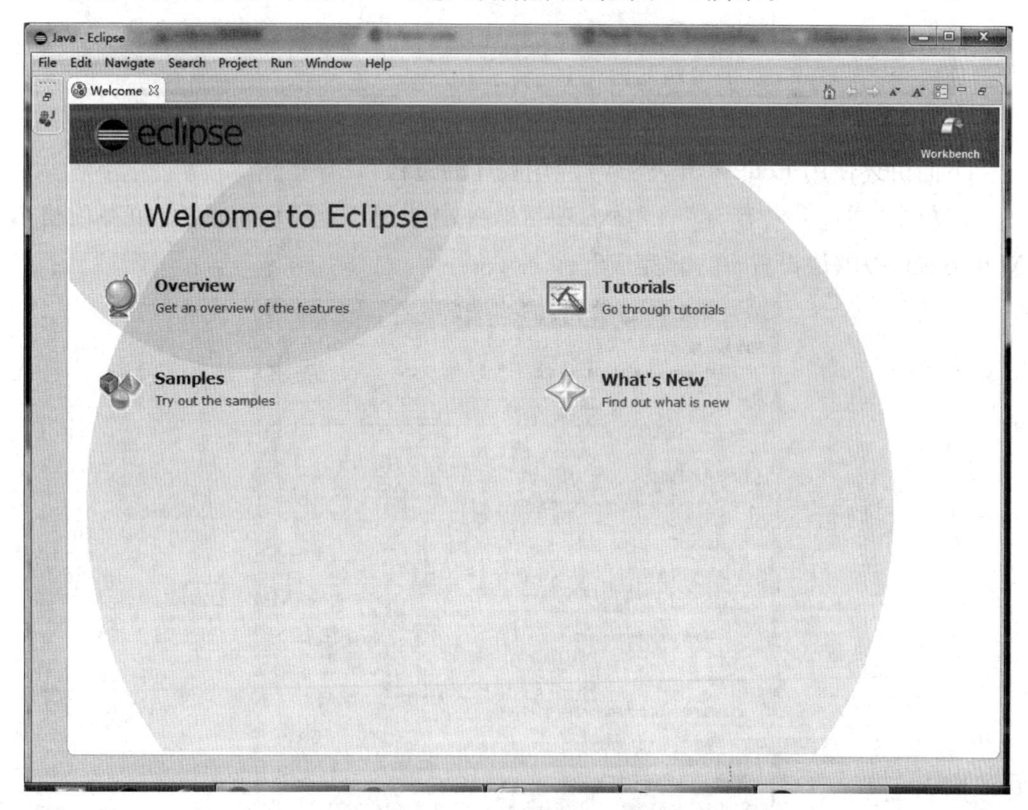

图 1-6　Eclipse 初始界面

Eclipse 的开发环境如图 1-7 所示。

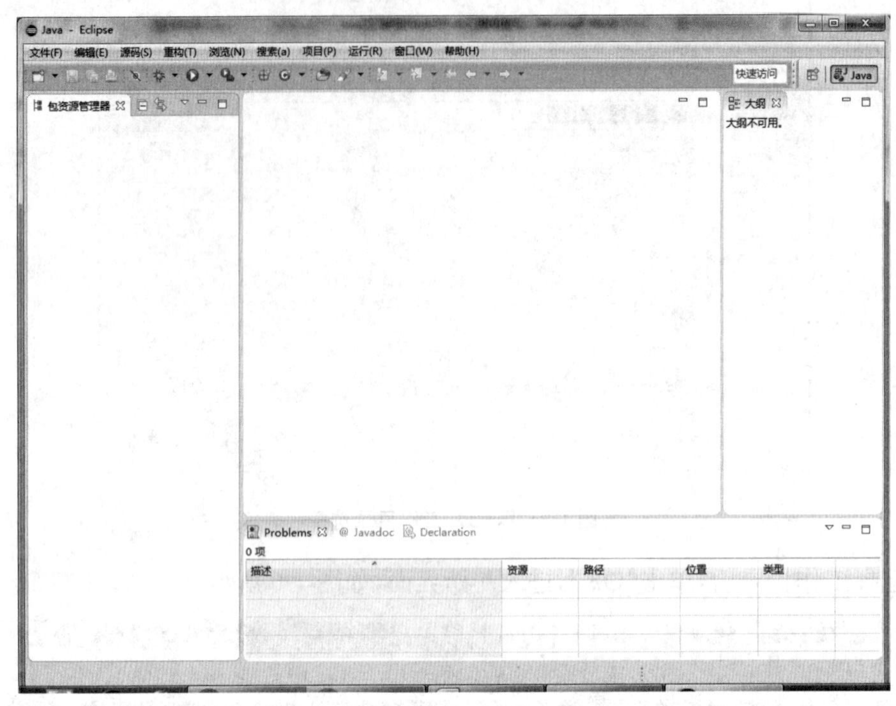

图 1-7 Eclipse 开发环境

下面讲述使用 Eclipse 开发 Java 应用程序的过程。

①单击“文件”→“新建”→“Java 项目”，弹出如图 1-8 所示对话框，填写项目名 MyProject，按默认设置，单击“完成”。

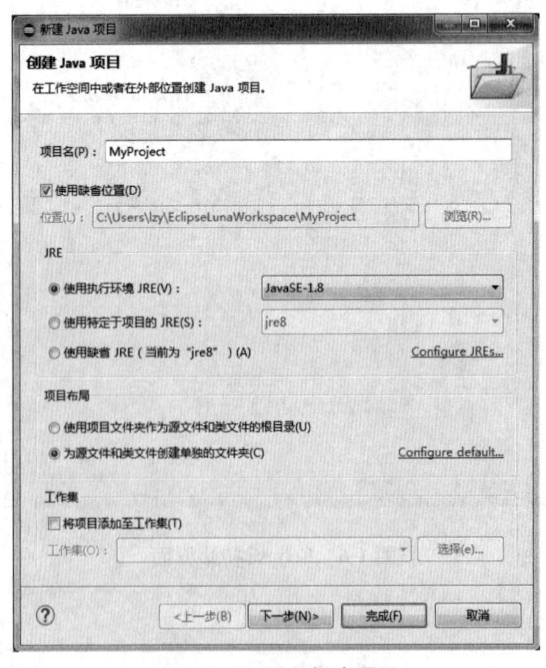

图 1-8 Eclipse 新建项目

②单击“文件”→“新建”→“类”，弹出如图 1-9 所示对话框，填写名称 HelloWorld 作为类名，单击“完成”。

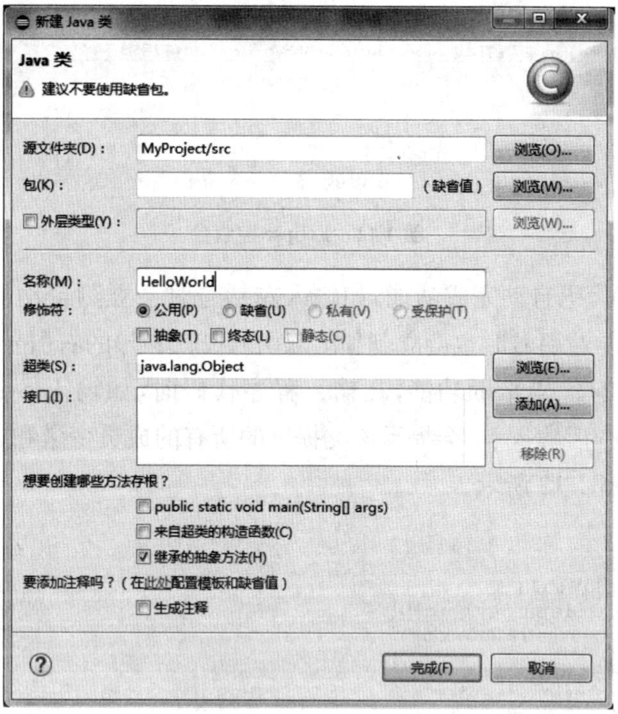

图 1-9 Eclipse 新建类

将 HelloWorld. java 源程序写在编辑区，如图 1-10 所示。

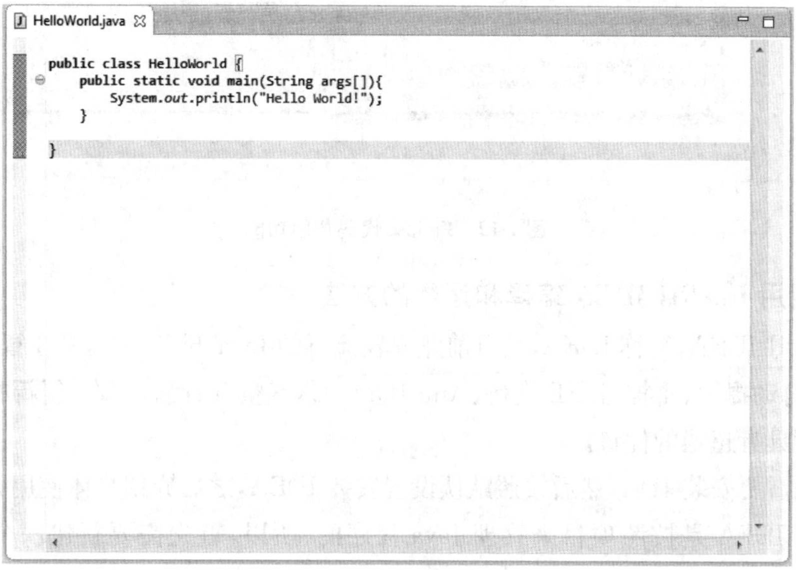

图 1-10 Eclipse 编辑区

单击“运行”→“运行方式”→“Java 应用程序”，即可运行。在控制台输出“Hello World!”，如图 1-11 所示。

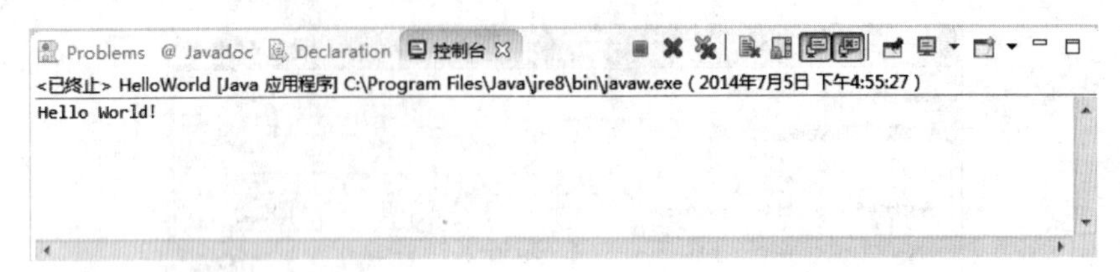

图 1-11 Eclipse 控制台

Eclipse 具有代码自动完成功能，如输入左括号时会立刻自动加上右括号，输入双引号(单引号)的左引号时也会立刻加上双引号(单引号)的右引号。

Eclipse 还具有代码帮助功能，在输入程序代码时，如输入 System. out. println 时，在类名 System 后输入点，会提示该类提供的所有的成员变量和成员方法，并附上 javadoc 批注，如图 1-12 所示。

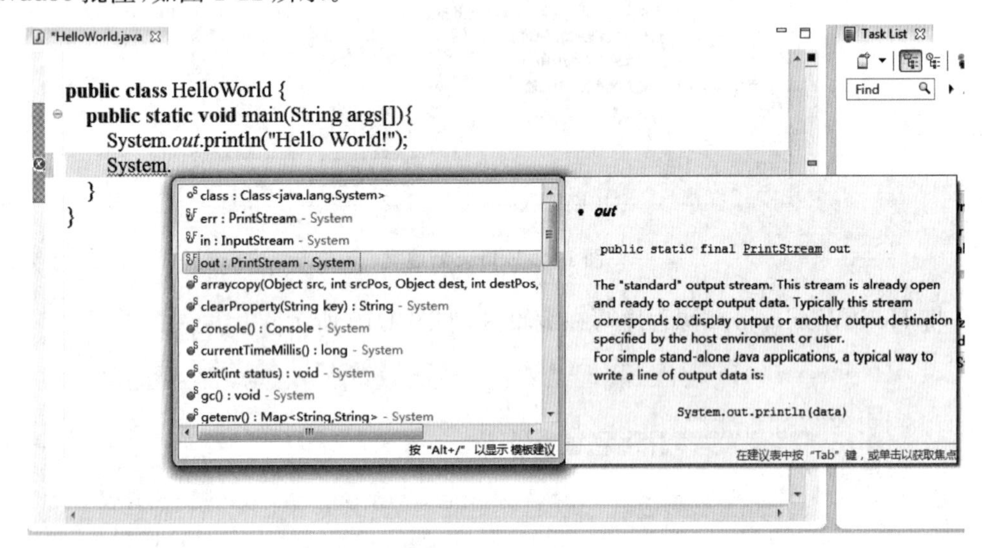

图 1-12 Eclipse 代码帮助功能

3. 利用 IntelliJ IDEA 编译和运行的方法

IntelliJ IDEA，简称 IDEA，是目前业界较流行的 Java 开发工具，其在智能代码助手、代码自动提示、重构、J2EE 支持、Ant、JUnit、CVS 整合、代码审查、创新的 GUI 设计等方面具有超强的优势。

首先需要安装 JDK，然后按照默认设置安装 IDEA，之后介绍具体使用方法。

因为 IDEA 是按照项目来管理 Java 程序的，所以，首先需要新建一个项目，如图 1-13所示。

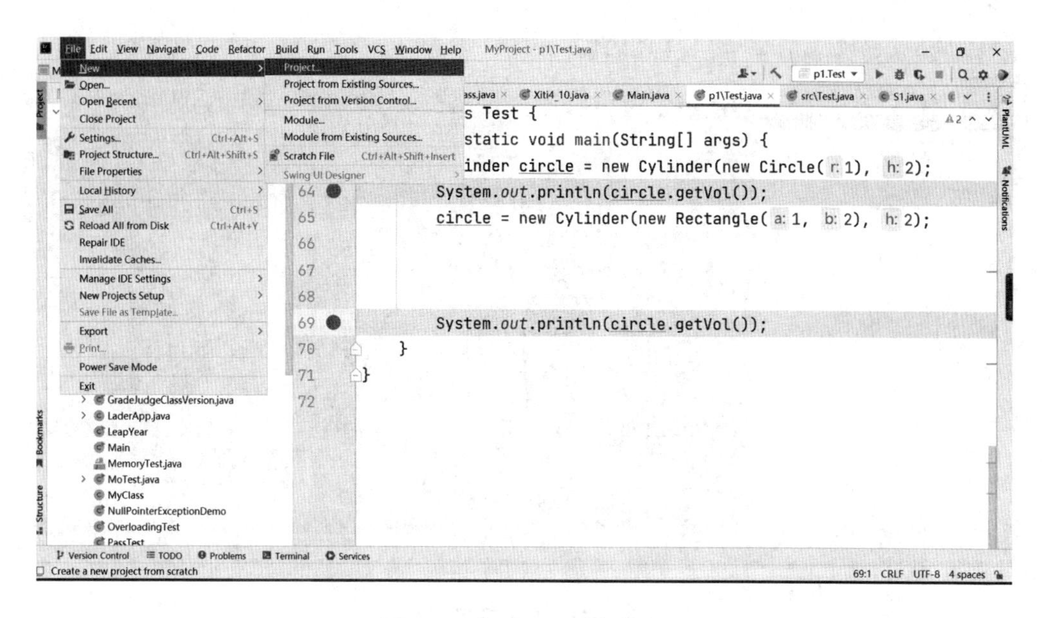

图 1-13　新建 Java 项目示例

如图 1-14 所示，在 Name 框里填入项目名称，如 MyProject1，表明新建一个项目，此时请确保已安装有 JDK，单击 Create 进行创建，将产生如图 1-15 所示的界面。

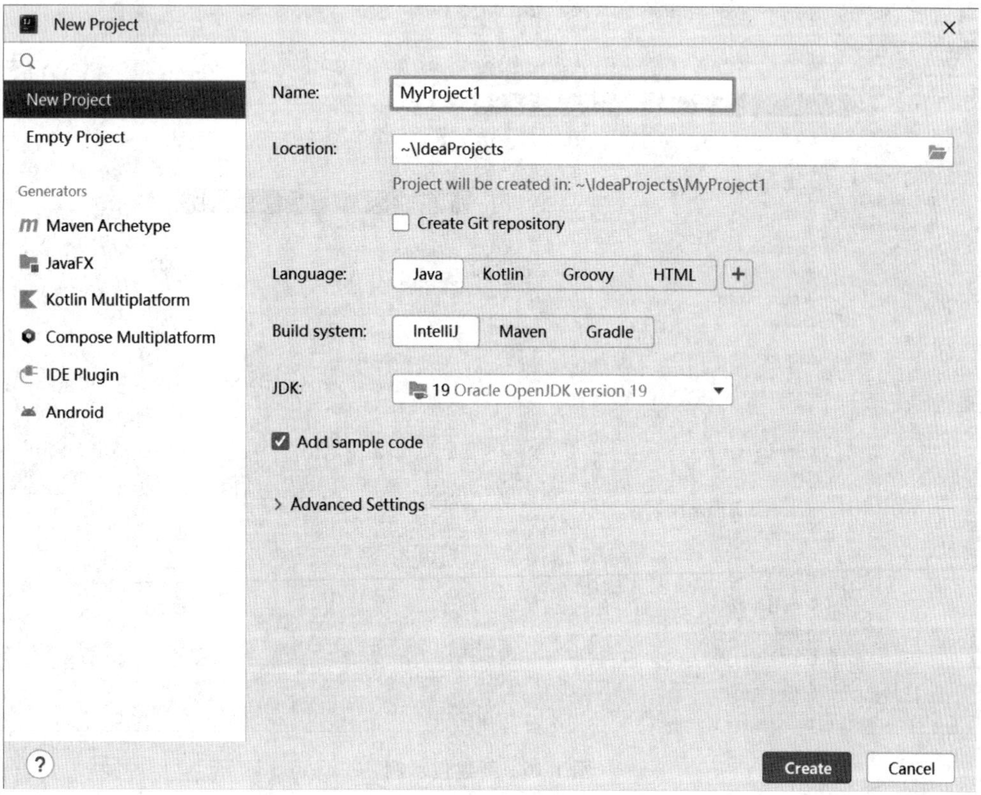

New Project
New Project
Empty Project
Generators
Maven Archetype
JavaFX
Kotlin Multiplatform
Compose Multiplatform
IDE Plugin
Android
Name: MyProject1
Location: ~\IdeaProjects
Project will be created in: ~\IdeaProjects\MyProject1
Create Git repository
Language: Java Kotlin Groovy HTML +
Build system: IntelliJ Maven Gradle
JDK: 19 Oracle OpenJDK version 19
Add sample code
Advanced Settings
Create Cancel

图 1-14　创建 Java 项目示例

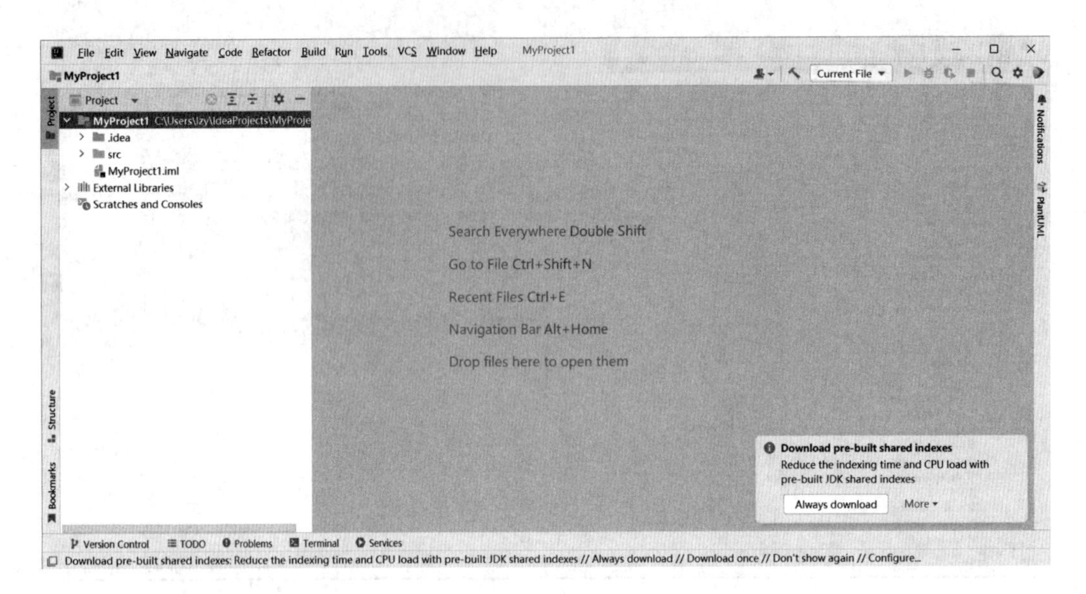

图 1-15　Java 项目示例

Java 使用包来防止一些同名类的冲突，类似于文件系统的文件夹。因此，右击项目中的 src，新建包，如图 1-16 所示。

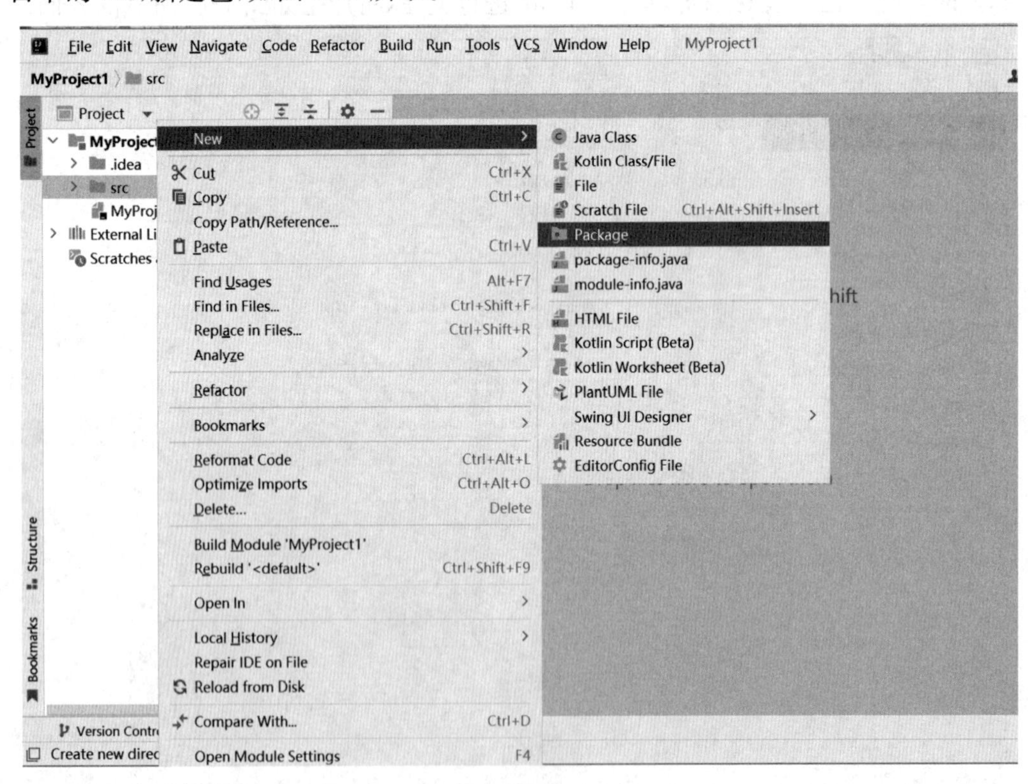

图 1-16　新建包示例

在包下新建类，如图 1-17 所示。

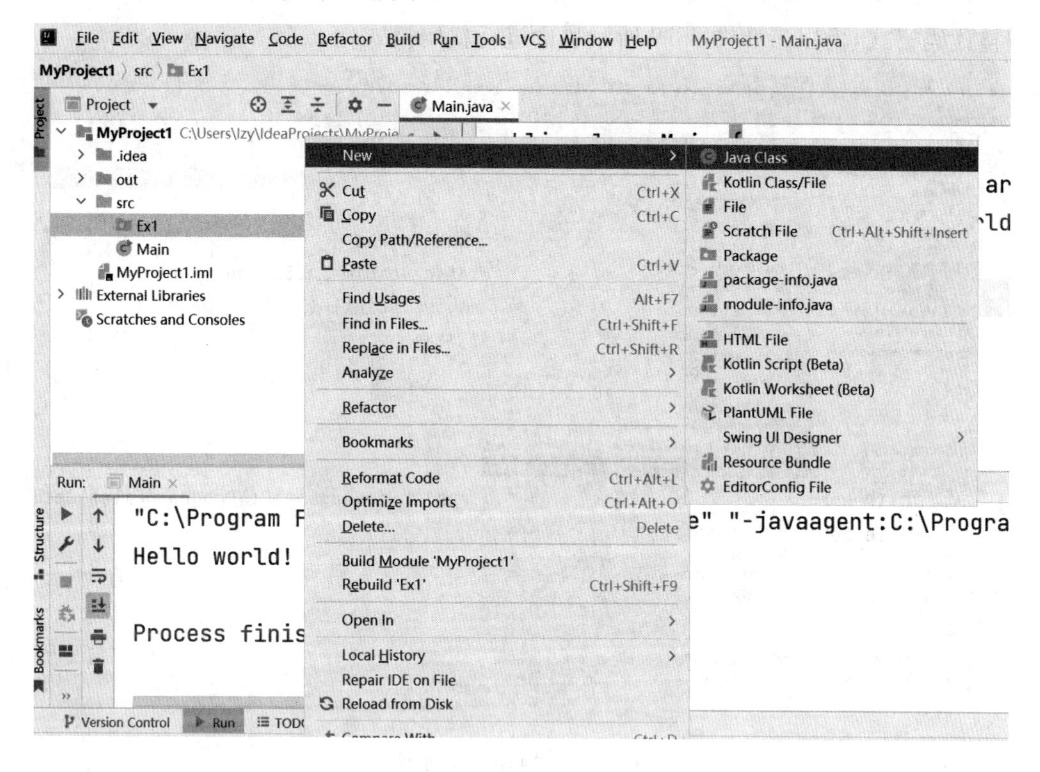

图 1-17　新建类示例

创建一个 HelloWorld 程序，如图 1-18 所示。

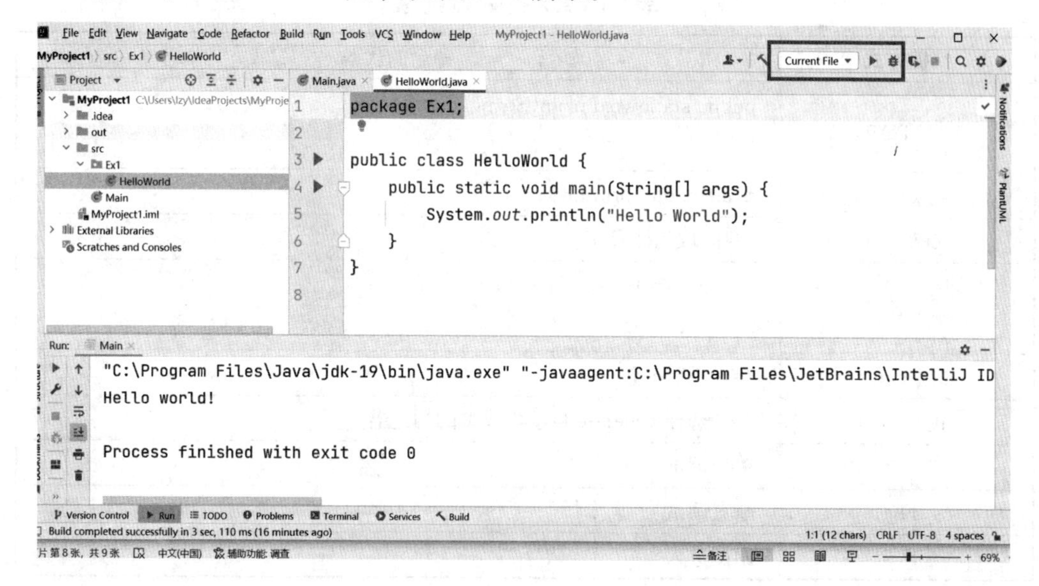

图 1-18　新建 HelloWorld 程序示例

选择需要运行的 Java 类,单击右上角的绿色箭头按钮,即可运行程序。如需要调整代码格式,可以参照图 1-19 所示界面进行代码格式化。

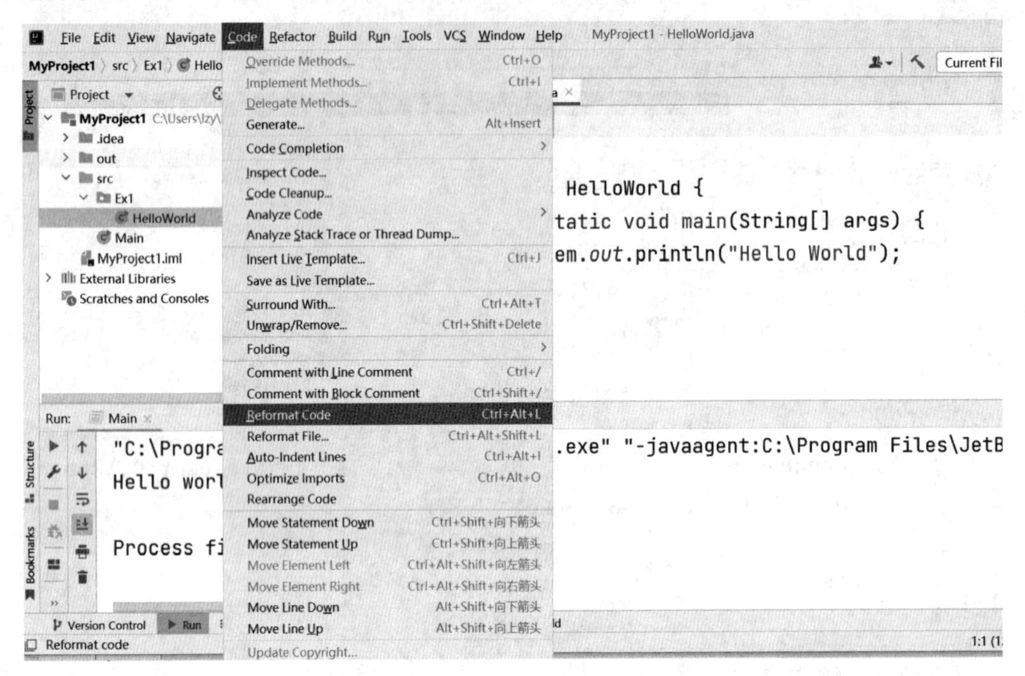

图 1-19 代码格式化菜单

IDEA 提供了非常方便的代码补全快捷键,表 1-1 列举了部分常用的方法。

表 1-1 常用快捷键对照表

快捷方式	补全的代码
main(psvm)	public static void main(String args[]){ }
sout	System. out. println();
ctrl+/	注释,取消注释
fori	for (int i=0; i< ; i++) { }
alt+enter	导入所需的包
alt+insert	右击选择 generate 自动生成类的构造器
F8	单步调试
F9	断点调试
F7	调试进入

习 题 1

1. 利用 JDK 在命令行下实现屏幕输出：

```
我开始学习 Java 了!
我要努力学好 Java!
```

2. 使用集成开发环境 Eclipse 实现第 1 题。

3. 指出下面利用 JDK 编译和运行 HelloWorld. java 程序的错误原因。

```
javac HelloWorld. java
javac HelloWorld
java HelloWorld. class
```

4. Java 的可移植性体现在哪里？

第 2 章　基本语法

2.1　标识符

用来标识类名、变量名、方法名、数组名、文件名、接口名的有效字符序列称为“标识符”。

Java 语言规定标识符由字母、下划线、美元符号和数字组成，并且第一个字符不能是数字字符。标识符没有最大长度的限制。标识符中的字母是区分大小写的，如 hello_java 和 Hello_java 是不同的标识符。

Java 语言使用 Unicode 标准字符集，Unicode 字符集的前 128 个字符刚好是 ASCII 字符。虽然 Unicode 字符集不能覆盖全部文字，但大部分国家的“字母表”中的字母都是 Unicode 字符集中的字符，例如，汉字中“你”字就是 Unicode 字符集中的第 20320 个字符。由于使用 Unicode 字符集，因此，Java 所使用的字母不仅包括通常的拉丁字母 a、b、c 等，也包括汉语中的汉字、韩文、日文的片假名和平假名、朝鲜名、俄文、希腊字母以及其他许多语言中的文字。

【例题 2.1】

合法标识符示例：

identifier　userName　User_Name　_sys_val　$change

【例题 2.2】

错误标识符示例：

```
2mail          //以数字 2 开头
break          //是 Java 的关键字，有特殊含义
room#          //含有其他符号#
last-2         //含有其他符号-
My Variable    //含有其他符号空格
```

注意：标识符可以包含关键字，但不能与关键字重名。

课堂练习 2.1

下面哪些可以作为标识符？

①moon-sun。

②int_long。

③byte。

④ $ Boy26。

2.2 保留字

保留字是 Java 语言中已经被赋予特定意义的一些英文单词，如 abstract、assert、boolean、break、byte、case、catch、char、class、const、continue、default、do、double、else、enum、extends、false、final、finally、float、for、goto、if、implements、import、instanceof、int、interface、long、native、new、null、package、private、protected、public、return、short、static、strictfp、super、switch、synchronized、this、throw、throws、transient、true、try、void、volatile、while。

其中，true、false、null 这 3 个为常量，其余 50 个是关键字。

注意：在 Java 中，没有 sizeof 操作符，所有数据类型的长度都是确定的，与操作系统平台无关。

2.3 数据类型

Java 语言包括两大类数据类型：基本数据类型和引用数据类型。Java 语言的数据类型可以表示成如图 2-1 所示的层次结构图。

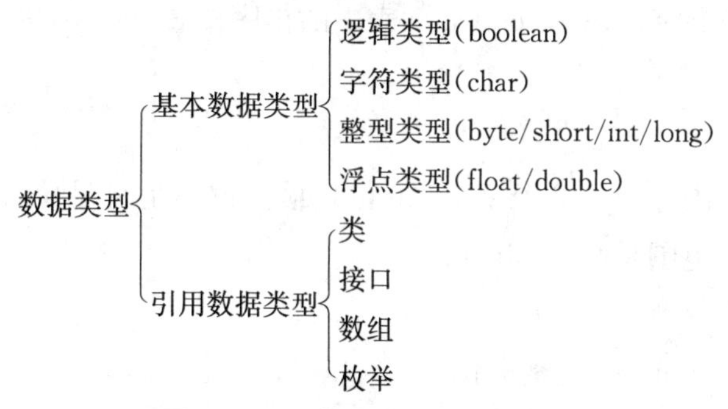

图 2-1 Java 数据类型层次结构图

基本数据类型为 Java 语言中定义的数据类型，通常是不能由用户修改的，它用来实现一些基本的数据类型。引用数据类型是用户根据自己的需要定义并实现其运算的类型，它是由基本数据类型组合而成的。

注意：Java 语言中不支持 C/C++中的指针类型、结构类型(struct)、联合类型(union)。

在 Java 数据类型中，每种基本数据类型占用的内存位数是固定的，不依赖于具体的计算机。

1. 逻辑类型 boolean

(1)常量

true，false。

注意：逻辑常量不对应整数值 1、0 等。

(2)变量

使用关键字 boolean 来声明逻辑类型，声明时可以赋初值，例如：

boolean b=true；

boolean 类型常量或变量在内存中占 1 个字节(8 位)。

2. 字符类型 char

(1)常量

常量指'A'、'b'、'?'、'!'、'9'、'好'、'\t'等，即用单引号括起来的 Unicode 表中的一些字符。

有些字符不能通过键盘输入字符串或程序中，这时需要使用转义字符常量，如：\r(回车)、\n(换行)、\b(退格)、\t(水平制表)、\'(单引号)、\"(双引号)、\\(反斜线)、\ddd(将三位八进制数转义为字符)、\uxxxx(将四位十六进制数转义为字符)等。

(2)变量

使用关键字 char 来声明字符类型，声明时可以赋初值，例如：

char ch='A'；

内存中存储的是字符 A 在 Unicode 表中的排序位置，即 65，因此，允许将上面的语句写成：

char ch=65；

char 型变量在内存中占 2 个字节(16 位)，最高位不是符号位，没有负数的 char。char 型变量的取值范围是 $0\sim2^{16}-1$。

【例题 2.3】

```
char a=49;            //数字 1
char b=65;            //大写字母 A
char c=97;            //小写字母 a
char d='\u0020'       //十六进制表示的空格
```

3. 整型 byte、short、int 和 long

整型是用来表示整数的数据类型。Java 提供了 4 种整型，分别是 byte、short、int 和 long。它们在内存中占用的位数依次增多，表示的数的范围也越来越大，如表 2-1 所示。

表 2-1 4 种整型占内存位数及表示的数的范围的比较

类 型	占内存位数(bit)	表示的数的范围
byte	8	$-2^{7} \sim 2^{7}-1$
short	16	$-2^{15} \sim 2^{15}-1$
int	32	$-2^{31} \sim 2^{31}-1$
long	64	$-2^{63} \sim 2^{63}-1$

(1)常量

整型常量可用十进制、八进制或十六进制表示,如 98(十进制)、077(八进制)、0X3ABC(十六进制)。如果不加特别标识,整型常量都是 int 型。若想表示一个长整型常量,则需要在数值的后面明确写出字母“L”。L 表示这个直接数是一个 long 型常量,如 108L(十进制)、07123L(八进制)、0X3ABCL(十六进制)。

注意:在 Java 中使用大写 L 或小写 l 均有效,但小写字母容易和数字 1 混淆,故建议使用大写。

(2)变量

使用关键字 byte/short/int/long 声明,同时可以赋初值。如:

byte x=12;

short y=12;

int z=12;

long w=12L;

4. 实型 float 和 double

实型数也称为“浮点数”,分为单精度浮点类型 float 和双精度浮点类型 double。两种实型占内存位数的比较如表 2-2 所示。

表 2-2 两种实型占内存位数比较

类 型	占内存位数(bit)
float	32
double	64

(1)常量

实型常量可用十进制数形式或指数形式表示,如:

1.23、2e4 (2 乘 10 的 4 次方)、3E2 (3 乘 10 的 2 次方)。

如果是 float 类型的常量,常量后带“f”或“F”;如果是 double 类型的常量,常量后带“d”或“D”,且可省略。例如,常量 1.23 表示 double 类型常量 1.23,常量 1.23f 表示 float 类型常量 1.23。

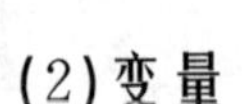

(2)变量

使用关键字 float/double 声明，同时可以赋初值。如：

```
float x=1.23f;           //将 float 类型常量 1.23 赋值给 x
double y=1.23;           //将 double 类型常量 1.23 赋值给 y
```

Java7新特性

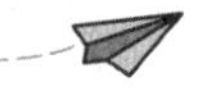

- 整型常量可用二进制表示，如 0B10011001 或 0b10011001 均表示十进制的 153。
- 当数字很长时，可以在长数字中加入下划线，以方便阅读，如：

```
int one_million = 1_000_000;
double long_double = 11_10_100.121_12121;
```

注意：不能在数字的开头和结尾、小数点前后、F 或者 L 前加下划线。

5. 字符串——String

字符串属于引用数据类型，它在 Java 中是一种类。

(1)常量

由双引号括起来的字符串是字符串常量，如"Hello"。

(2)变量

使用类名 String 声明，同时可以赋初值。如：

```
String x="Hello";        //将"Hello"字符串常量赋值给字符串变量 x
```

String 类的相关知识请参见第 6 章。

2.4 基本数据类型的级别与数据转换

当把一种基本数据类型变量的值赋给另一种基本类型变量时，会涉及数据转换。数据转换与基本数据类型的级别有关。基本数据类型的级别如下。

$$byte < \begin{matrix} short \\ char \end{matrix} < int < long < float < double$$

当把级别低的变量的值赋给级别高的变量时，系统自动完成数据类型的转换，如：

```
float x=100;    //将 int 类型常量 100 赋值给 float 类型变量 x
```

当把级别高的变量的值赋给级别低的变量时，必须使用显式类型转换运算。显式转换的格式为：

(类型名)要转换的值;

如：

```
int x=(int)34.89;    //将 double 类型的常量 34.89 显式转换为 int 类型，并赋值给 x，x=34;
```

long y=(long)56.98F;//将 float 类型的常量 56.98 显式转换为 long 类型,并赋值给 y,y=56L;
int z=(int)2014L; //将 long 类型的常量 2014 显式转换为 int 类型,并赋值给 z,z=2014;

【例题 2.4】

```
byte d = (byte)128;
//将 int 类型的常量 128 显式转换为 byte 类型,并赋值给 byte 类型变量 d,d = - 128;
byte e = (byte)( - 129);
//将 int 类型的常量 - 129 显式转换为 byte 类型,并赋值给 byte 类型变量 e,e = 127;
```

课堂练习 2.2

分析例题 2.4 的输出结果。

2.5 运算符

对各种类型的数据进行加工的过程称为“运算”,表示各种不同运算的符号称为“运算符”,参与运算的数据称为“操作数”。运算符的类型,按操作数的数目来分,可以有一元运算符(如++、--)、二元运算符(如+、>)和三元运算符(如?:),它们分别对应于一个、两个和三个操作数。按照功能,运算符分为如下几类。

①算术运算符:+、-、*、/、%、++、--。

②关系运算符:>、<、>=、<=、==、!=。

③布尔逻辑运算符:!、&&、||。

④位运算符:>>、<<、>>>,&、|、~、^。

⑤赋值运算符=及其扩展赋值运算符如+=、-=、*=、/=等。

⑥条件运算符:?:。

⑦其他运算符,有分量运算符.、下标运算符[]、实例运算符 instanceof、内容分配运算符 new、强制类型转换运算符(类型)、方法调用运算符()等。

下面重点讲述几个不易理解及易错的运算符。

2.5.1 运算符/

整数之间作除法,只保留整数部分,舍弃小数部分。如:

```
int x=355;
x=x/100*100;
```

x 的结果是 300。

注意:如果想得到带小数的相除结果,可以将除数或被除数设置为小数。例如,在计算圆锥体积时,容易犯的错误是:

```
double radius = 10;
double height = 4;
double volume = 1/3 * 3.14 * radius * radius * height;
System.out.println("The volume is" + volume + ".");
```

这样计算得出的 volume=0,因为 1/3 的结果为 0,将其修改为 1/3.0 或 1.0/3,就可以得到正确的体积结果。

2.5.2 运算符%

除了对整数进行取模运算外,还可以对实数进行取模运算,例如:

```
15.25%0.5              //结果为 0.25
15.25%(-0.5)           //结果为 0.25
(-15.25)%0.5           //结果为-0.25
(-15.25)%(-0.5)        //结果为-0.25
```

在上面取模运算中,运算结果的符号与第一个操作数的符号相同,运算结果的绝对值一般小于第二个操作数的绝对值,并且与第一个操作数相差第二个操作数的整数倍。

2.5.3 运算符++和--

++a:a 先自加 1,然后再参与运算;

a++:a 先参与运算,然后 a 自加 1。

【例题 2.5】

```
int a = 1;          //a = 1
int j1 = + + a;     //a 先自加 1,再赋值给 j1,因此 a = 2,j1 = 2
int a = 1;
int j2 = a + + ;    //a 先赋值给 j2,再自加 1,因此 a = 2,j2 = 1
int a = 1;
int j3 = - - a;     //a 先自减 1,再赋值给 j3,因此 a = 0,j3 = 0
int a = 1;
int j4 = a - - ;    //a 先赋值给 j4,再自减 1,因此 a = 0,j4 = 1
```

2.5.4 运算符==和=

运算符==为关系运算符,判断两者是否相等。

注意:一般建议不要直接比较两个浮点数是否相等,因为计算机在表示浮点数时是存在误差的。

而运算符=为赋值运算符,用于将右操作数赋值给左操作数。当赋值时,如果右操作数级别低于左操作数，则低级自动转高级，再进行赋值；如果右操作数级别高于左操作数，则需要将右操作数进行显式类型转换。

2.5.5 运算符+=、-=、*=、/=

扩展赋值运算符+=、-=、*=、/=可以简化赋值语句。如：

op1=op1+op2→op1+=op2

op1=op1-op2→op1-=op2

op1=op1*op2→op1*=op2

op1=op1/op2→op1/=op2

注意：在使用扩展赋值运算符时，存在隐式的强制类型转换，如 op1+=op2 等价于执行 op1=(T)(op1+op2)，其中 T 是 op1 的类型。因此下面的代码是正确的，结果为 8。

```
int sum = 0;
sum + = 4.5;        //sum 等于 4
sum + = 4.5;        //等价于 sum = (int)(sum + 4.5),sum 等于 8
```

2.5.6 运算符 expression? statement1:statement2

条件运算符 expression? statement1：statement2 是对 if 条件语句的简化写法。如：

```
result=(sum==0?1:num/sum);
```

等价于：

```
if(sum==0){
    result=1;
}else{
    result=num/sum;
}
```

条件运算符为三目运算符，要求 statement1 和 statement2 的类型相同。

2.5.7 运算符的优先顺序

在对一个表达式进行运算时，要按运算符的优先顺序从高到低，同级的运算符从左到右，这就需要了解运算符的优先顺序。

运算符的优先顺序不是那么容易记住的，不过我们也没有必要记住它，在编程的时候，养成良好的习惯，可以使用( )显式地标明运算符的优先次序，括号里的表达式首先被计算。这样使得表达式的结构更加清晰，可读性也更好。

注意：( )要成对出现。

2.6 控制语句

Java 的控制语句分为三类：顺序结构、选择结构和循环结构。在顺序结构中，程序依次执行各条语句；在选择结构中，程序根据条件，选择程序分支执行语句；在循环语句中，程序循环执行某段程序体，直到循环结束。顺序结构最为简单，不需要专门的控制语句。其他两种控制结构均有相应的控制语句。Java 控制语句有如下 6 种。

①if 语句、if-else 语句和 if-else if-else 语句。

②switch 语句。

③for 语句。

④while 语句。

⑤do-while 语句。

⑥break 语句和 continue 语句。

2.6.1 if 语句、if-else 语句和 if-else if-else 语句

1. if 语句的语法格式

```
if(条件表达式){
    满足条件需要执行的若干语句
}
```

2. if-else 语句的语法格式

```
if(条件表达式){
    满足条件需要执行的若干语句
}else{
    不满足条件需要执行的若干语句
}
```

3. if-else if-else 语句的语法格式

```
if(条件表达式 1){
    满足条件 1 需要执行的若干语句
}else if(条件表达式 2){
    满足条件 2 需要执行的若干语句
}else{
    既不满足条件 1 也不满足条件 2 需要执行的若干语句
}
```

【例题 2.6】

从键盘输入两个 int 类型的数，比较大小，打印出大数。

```
import java.util.Scanner;
    public class CompareDemo {
        public static void main(String args[]) {
            Scanner reader = new Scanner(System.in);
            int i = reader.nextInt();
            int j = reader.nextInt();
            int max;
            if (i >= j) {
                max = i;
            } else {
                max = j;
            }
            System.out.println("大数为" + max);
        }
    }
```

【例题 2.7】

从键盘输入数学成绩，按优、良、中、及格、不及格五分制，给出等级。

```
import java.util.Scanner;
    public class GradeDemo {
        public static void main(String args[]) {
            Scanner reader = new Scanner(System.in);
            double grade = reader.nextDouble();
            String level;
            if (grade >= 90 && grade <= 100) {
                level = "优";
            } else if (grade >= 80 && grade < 90) {
                level = "良";
            } else if (grade >= 70 && grade < 80) {
                level = "中";
            } else if (grade >= 60 && grade < 70) {
                level = "及格";
            } else if (grade >= 0 && grade < 60) {
                level = "不及格";
            } else {
                level = "不合法,请输入数学成绩(0~100)!";
            }
```

```
            System.out.println(grade+"的等级是"+level);
        }
    }
```

2.6.2 switch 语句

switch 语句的语法格式为：

```
switch(表达式){
case 常量值 1:
    语句(组);
    break;
case 常量值 2:
    语句(组);
    break;
case 常量值 n:
    语句(组);
    break;
default:
    语句(组);
}
```

表达式为 byte、short、int、char、enum(枚举)类型，case 分量必须与表达式类型兼容，不允许有重复的 case 值，default 可选，表示表达式不匹配任何一个 case 分支时，执行 default 分支。

Java7新特性 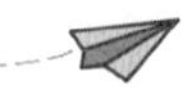

Java 7 允许表达式的值为字符串类型(String)。

【例题 2.8】

```
import java.util.Scanner;
class TypeOfDay{
    public static void main(String args[]){
        Scanner reader = new Scanner(System.in);
        String dayOfWeekArg = reader.next();
        switch (dayOfWeekArg){
            case "Monday":
                System.out.println("Start of work week");
                break;
            case "Tuesday":
            case "Wednesday":
```

```
            case "Thursday":
                System.out.println("Midweek");
                break;
            case "Friday":
                System.out.println("End of work week");
                break;
            case "Saturday":
            case "Sunday":
                System.out.println("Weekend");
                break;
            default:
                System.out.println("Invalid day of the week");
        }
    }
}
```

课堂练习 2.3

写出下面程序的运行结果。

```
public class Test{
    public static void main(String args[]){
        char c = '\0';
        for(int i = 1;i< = 4;i + +){
            switch(i){
                case 1:
                    c = '1';
                    System.out.print(c);
                case 2:
                    c = '2';
                    System.out.print(c);
                    break;
                case 3:
                    c = '3';
                    System.out.print(c);
                default:
                    System.out.print("4");
            }
        }
    }
}
```

2.6.3 循环语句

循环语句有三类，分别是 while 语句、do-while 语句、for 语句，它们的语法格式分别如下。

while 语句：

```
while(条件){
    语句组；
}
```

do-while 语句：

```
do{
    语句组；
}while(条件)；
```

for 语句：

```
for(变量初始化；循环条件表达式；递增或递减变量的值){
    语句组；
}
```

增强的 for 循环语句格式为：

```
for(类型 循环变量:数组或集合){
    语句组；
}
```

增强的 for 循环，也称为“for-each 循环”，是JDK 1.5的新增特性。它是指：循环变量依次取数组或集合中的每个元素，循环变量不再表示为索引值，其类型与数组或集合元素的类型一致，并不一定是 int 类型。增强的 for 循环简化了数组或集合的遍历，但是丢失了索引信息。

【例题 2.9】

分别用两种 for 循环语句输出数组中的元素。

(1)普通的 for 循环语句

```
public class ForDemo{
    public static void main(String args[]){
        int array[] = {10,20,30,40,50};
        for(int i = 0;i<array.length;i + + ){
            System.out.println(array[i]);
        }
    }
}
```

(2)增强的 for 循环语句

```
public class ForEachDemo{
    public static void main(String args[]){
        int array[] = {10,20,30,40,50};
        for(int i:array){
            System.out.println(i);
        }
    }
}
```

课堂练习 2.4

将下列程序改写成增强的 for 循环形式。

```
public class Test {
    public static void main(String args[]){
        char array[] = {'a','b','c','d','e'};
        for(int i = 0;i<array.length;i + + ){
            System.out.println(array[i]);
        }
    }
}
```

【例题 2.10】

编写一个 Java 应用程序,输出 1～100 的所有奇数。

```
class OddDemo {
        public static void main(String args[]) {
            for (int i = 0; i < 100; i + + ) {
                if (i % 2 = = 1) {
                    System.out.println(i);
                }
            }
        }
    }
```

【例题 2.11】

编写一个应用程序,求 1! +2! +3! +…+20!。

```
class SumDemo {
        public static void main(String args[]){
            long sum = 0;
```

```
            int item = 1;
            for(int i = 1;i< = 20;i + + ){
                item = item * i;
                sum = sum + item;
            }
            System.out.println(sum);
        }
    }
```

2.6.4 与循环有关的语句

```
break;          //跳出循环
continue;       //跳出本轮循环
```

【例题 2.12】

```
public class breakDemo{
    public static void main(String args[]){
        for(int i = 1;i<11;i + + ){
            if(i % 2 = = 0){
                break;
            }
            System.out.print(i);
        }
    }
}
```

输出 1。

【例题 2.13】

```
public class continueDemo{
    public static void main(String args[]){
        for(int i = 1;i<11;i + + ){
            if(i % 2 = = 0){
                continue;
            }
            System.out.print(i);
        }
    }
}
```

输出 1 3 5 7 9。

课堂练习 2.5

写出下面程序的运行结果。

```
public class Test {
    public static void main( String args[] ) {
        int count;
        for ( count = 1; count<= 10; count++ ) {
            if ( count == 5 )
                break;
            System.out.print(count);
        }
    }
}
```

2.6.5 return 语句

返回语句,通常在方法体的最后,返回值的类型应与方法的返回类型一致。

习 题 2

1. 指出程序的错误并说明原因。

```
public class Test{
    public static void main(String args[]){
        float fa = 216;
        float fb = 21.656f;
        double da = 125e45d;
        double db = 123.45;
        float fc = 0.1;
    }
}
```

2. 写出下面程序的运行结果。

```
public class Test{
    public static void main(String args[]){
        char ch1 = 'B';
        char ch2 = 67;
        System.out.println(ch1 + 3);
```

```
            System.out.println(ch2);
        }
    }
```

3. 指出下面程序中每个变量的值。

```
public class Scoping{
    public static void main(String args[]){
        int i1 = 5;
        int i2 = 2;
        double d1 = 5;
        double d2 = 2;
        int i3 = i1/i2;
        double d3 = i1/i2;
        double d4 = d1/i2;
        double d5 = i1/d2;
        double d6 = d1/d2;
    }
}
```

4. 编写程序判断某人的体重是偏胖、偏瘦，还是正常，身高以厘米为单位，体重以千克为单位，当(身高－100)/体重大于 1.1 时为偏瘦，在 0.96 和 1.1 之间为正常，小于 0.96 为偏胖。

5. 一个数如果恰好等于它的因子之和，这个数就称为“完数”。编写一个应用程序统计 1000 之内的所有完数。

提示判断因子为：

```
for(i = 1;i<1000;i + + )
    for(j = 1;j<i;j + + )
        if(i % j = = 0)  j 就是因子
```

6. 编写 Java 应用程序，计算 1＋1/2!＋1/3!＋…＋1/20!。

7. 编写 Java 应用程序，完成如下输出：

```
*********
 *******
  *****
   ***
    *
```

第 3 章　初识类与对象

3.1　一个例子

在理解类与对象之前，先看一个例子。

【例题 3.1】

编写一个 Java 应用程序，输出矩形的面积。

```
//ComputerRectArea.java
public class ComputerRectArea{
    public static void main(String args[]){
        double height; //高
        double width; //宽
        double area; //面积
        height = 1.2;
        width = 3.4;
        area = height * width; //计算面积
        System.out.println(area);
    }
}
```

编译、运行程序，结果如下。

```
c:\ch3>javac ComputerRectArea.java
c:\ch3>java ComputerRectArea
4.08
```

注意到如果其他 Java 应用程序也想计算矩形的面积，同样需要知道使用矩形的高和宽来计算矩形面积的算法，也需要编写和这里同样多的代码。

那么，能否将和矩形有关的数据以及计算矩形面积的代码进行封装，使得需要计算矩形面积的 Java 应用程序的主类无须编写计算面积的算法就可以计算出矩形的面积呢？

于是，对矩形作如下抽象。

①矩形具有属性：高和宽。

②矩形具有方法：计算面积。

注意：Java 中的方法就是 C 语言中的函数，只是叫法不同。

根据如上抽象，编写出 Rect 类。

【例题 3.2】

```
//ComputerRectAreaUsingClass.java
class Rect{
    double width; //矩形的宽
    double height; //矩形的高
    double getArea(){ //计算面积的方法
        double area = width * height;
        return area;
    }
}
```

有了 Rect 类，就可以使用该类生成对象，并计算具体某个矩形的面积。如：

```
public class ComputerRectAreaUsingClass{
    public static void main(String args[]){
        Rect r; //声明对象
        r = new Rect(); //创建对象
        r.width = 1.2; //使用对象
        r.height = 3.4;
        double area = r.getArea();
        System.out.println(area);
    }
}
```

main 方法中使用 Rect 类创建对象，完成计算矩形面积的任务，但是 main 方法中并不需要了解矩形面积的计算算法，这一切都被封装到 Rect 类的定义中了。如果计算面积的算法需要修改，只需要在类的定义中对计算面积的方法进行修改，Rect 类外的代码无须变动。

编译、运行程序，结果如下。

```
c:\ch3>javac ComputerRectAreaUsingClass.java
c:\ch3>java ComputerRectAreaUsingClass
4.08
```

在 ComputerRectAreaUsingClass.java 中有两个类，分别是 ComputerRectAreaUsingClass 和 Rect，其中包含 main 方法的类称为主类，它是程序的入口，运行程序时，以主类名作为 Java 运行的对象。

3.2 再看一个例子

【例题 3.3】

编写 Circle 类对圆进行抽象,并提供计算面积的方法,再使用 Circle 类定义一个半径为 1.0 的圆对象,输出其面积。

```
//ComputerCircleAreaUsingClass.java
class Circle{
    double radius; //半径
    double getArea(){
        return 3.14 * radius * radius; //计算圆的面积
    }
}
public class ComputerCircleAreaUsingClass{
    public static void main(String args[]){
        Circle c;
        c = new Circle();
        c.radius = 1.0;
        double area = c.getArea();
        System.out.println(area);
    }
}
```

编译、运行程序,结果如下。

```
c:\ch3>javac ComputerCircleAreaUsingClass.java
c:\ch3>java ComputerCircleAreaUsingClass
3.14
```

从例题 3.3 可以看出,圆的面积的计算方法被封装在 Circle 类中,在类外无须知道圆的面积的计算算法,只需调用 Circle 类提供的 getArea()方法就能求出任意一个圆的面积。如果圆面积的计算算法发生改变,只需修改 Circle 类的 getArea()方法,main 方法中的代码是无须修改的。

从以上两个例子可以看出,Java 将同一类对象所具有的共同的属性和行为都封装在类中,类就是对这一类对象的抽象。类外是无须知道行为的具体操作步骤和操作算法的,只需调用表示行为的方法就能完成一定的行为。这就是类的封装性。

课堂练习 3.1

仿照例题 3.3，编写 Lader 类对梯形进行抽象，提供计算面积的方法，再使用 Lader 类定义一个上底为 1.0、下底为 2.0、高为 3.0 的梯形对象，输出其面积。

3.3 类与对象的关系

类是 Java 语言中的一种数据类型，与整型 int、单精度浮点型 float、双精度浮点型 double 等一样都是用来限定数据的类型的。

通常定义一个数据如下。

```
int i;//定义一个整型变量 i
float j;//定义一个单精度浮点型变量 j
double k;//定义一个双精度浮点型变量 k
```

那么这样来定义一个类的变量。

类对象；

如：

```
Rect r;//定义一个 Rect 类的变量 r
Circle c;//定义一个 Circle 类的变量 c
```

Rect 就是一种自定义的数据类型，r 是 Rect 类型的变量，称为“对象”。

Circle 也是一种自定义的数据类型，c 是 Circle 类型的变量，它也是一个对象。

类是抽象的，是对某一类事物共性的描述，而对象是具体的，是实际存在的属于该类的具体的个体。例如，汽车设计图就是“汽车类”，由这个图纸设计出来的若干个汽车就是按照该类生产出的“汽车对象”，如图 3-1 所示。

图 3-1 类和对象的关系示意图

可以使用类声明多个对象，如：

```
Rect r1,r2;//定义 Rect 类的对象 r1、r2
```

Rect 是一种抽象的概念,它表示一种数据类型。每个对象 r1 和 r2 都是实际存在的矩形对象,它们占用不同的内存空间,相互独立。

3.4 类的定义

从 Rect 类的定义:

```
class Rect{
    double width; //矩形的宽
    double height; //矩形的高
    double getArea(){ //计算面积的方法
        double area = width * height;
        return area;
    }
}
```

可以看出,类的定义包括类声明和类体。

(1)类声明

上述代码中的第一行,“class Rect”称作类声明,class 是关键字,Rect 为定义的类名。

(2)类体

类声明之后的一对大括号以及它们之间的内容称作“类体”,大括号之间的内容称作“类体的内容”。

上述 Rect 类的类体的内容由两部分构成:一部分是变量的声明,称作“成员变量”,用来刻画类的属性,如 Rect 类中的 width 和 height;另一部分是方法的定义,称作“成员方法”,用来刻画类的功能,如 Rect 类中的 getArea()方法。

成员变量可以在定义的时候赋初值。如:

```
class Rect {
    double width = 1.0; //赋初值
    double height = 2.0; //赋初值
    double getArea() {
        double area = width * height;
        return area;
    }
}
```

当类的成员变量没有赋初值时,整型变量默认为 0,浮点型默认为 0.0,boolean 型默认为 false,引用型默认为 null。

注意，以下写法是错误的。

```
class Rect {
    double width;
    double height;
    width = 0.0;
    height = 0.0;
    double getArea() {
        double area = width * height;
        return area;
    }
}
```

因为，在类的定义里面只能有成员变量和成员方法的定义，而

width=0.0;

height=0.0;

既不是成员变量的定义，也不是成员方法的定义，因此编译的时候会出错。如对上述 Rect 类进行编译，会提示如下错误。

```
c:\ch3>javac Rect.java
Rect.java:4:需要<标识符>
        width=0.0;
             ^
Rect.java:5:需要<标识符>
        height=0.0;
              ^
2 错误
```

3.5 类的使用

从 Rect 类的使用：

```
public class ComputerRectAreaUsingClass{
    public static void main(String args[]){
        Rect r; //声明对象
        r = new Rect(); //创建对象
        r.width = 1.2; //使用对象
        r.height = 3.4;
        double area = r.getArea();
```

```
            System.out.println(area);
        }
    }
```

可以看出，类的使用包括：

①创建对象。

②使用对象。

③清除对象。

3.5.1　创建对象

对象的创建需经过两个步骤：

①声明对象。

②为对象分配空间。

如：

```
Rect r;
r = new Rect();
```

或者合二为一，在声明对象的同时分配空间。

如：

```
Rect r = new Rect();
```

其中，new 为关键字，其作用为：分配空间，调用构造方法（这将在第 4 章详细介绍）。

3.5.2　使用对象

对象可以使用“.”运算符操作自己的成员变量和调用成员方法。

对象.成员变量；

对象.成员方法(参数)；

如：

```
r.width = 1.2; //设置对象 r 的宽度为 1.2;
r.height = 3.4; //设置对象 r 的高度为 3.4;
double area = r.getArea(); //调用对象 r 的 getArea()方法计算出矩形面积，并赋值给
                           //double 类型的 area 变量;
```

3.5.3　清除对象

Java 具有垃圾内存自动收集功能，对象清除是自动完成的，无须程序员操心。

3.6 Java 应用程序的基本结构

一个 Java 应用程序由若干个类所构成，但必须有一个主类，即含有 main 方法的类，Java 应用程序总是从主类的 main 方法开始执行，如例题 3.2。

```
//ComputerRectAreaUsingClass.java
class Rect{
    double width; //矩形的宽
    double height; //矩形的高
    double getArea(){ //计算面积的方法
        double area = width * height;
        return area;
    }
}
public class ComputerRectAreaUsingClass{
    public static void main(String args[]){
        Rect r; //声明对象
        r = new Rect(); //创建对象
        r.width = 1.2; //使用对象
        r.height = 3.4;
        double area = r.getArea();
        System.out.println(area);
    }
}
```

实际上，Java 也允许将类放在不同的文件中。

【例题 3.4】

```
//Rect.java
public class Rect{
    double width; //矩形的宽
    double height; //矩形的高
    double getArea(){ //计算面积的方法
        double area = width * height;
        return area;
    }
}
//ComputerRectAreaUsingClass.java
public class ComputerRectAreaUsingClass{
```

```
    public static void main(String args[]){
        Rect r;//声明对象
        r = new Rect();//创建对象
        r.width = 1.2;//使用对象
        r.height = 3.4;
        double area = r.getArea();
        System.out.println(area);
    }
}
```

编译、运行程序，结果如下。

```
c:\ch3>javac ComputerRectAreaUsingClass.java
c:\ch3>javac Rect.java
c:\ch3>java ComputerRectAreaUsingClass
4.08
```

注意：

①可以将所有的类写在一个Java文件中，但这时最多只有一个public修饰的类，是公有类，并以此类名命名该Java文件；编译该文件，会生成所有类的字节码文件；运行时，以包含main方法的主类作为Java运行的类。

②也可以将类分别写在不同的Java文件中，分别编译产生字节码文件，运行时同样以包含main方法的主类作为Java运行的类。

课堂练习 3.2

编写一个圆锥类文件，成员变量为底半径和高度，成员方法为计算体积；再编写一个测试类文件，使用圆锥类定义两个不同的圆锥对象，并输出体积。

3.7　从命令行窗口输入/输出数据

3.7.1　输入基本型数据

Scanner是JDK 1.5新增的一个类，可以使用该类创建一个对象，如：

Scanner reader=new Scanner(System.in);

然后，reader对象调用下列方法，读取用户在命令行输入的各种基本类型数据，如：

nextBoolean()；nextByte()；nextShort()；nextInt()；nextLong()；nextFloat()；nextDouble()；next()；nextLine()。

上述方法执行时都会堵塞，程序等待用户在命令行输入数据并按 Enter 键确认。

由于 Scanner 类在 java. util 包中，因此在程序的开始，应使用：

import java. util. Scanner;

将 Scanner 类导入程序中，以使得 Java 程序可以使用 Scanner 类。

import 语句将在第 4 章详细介绍。

【例题 3.5】

从键盘输入各种数据类型的值，并打印出来。

```
//SystemInput.java
import java.util.Scanner;
public class SystemInput{
    public static void main(String args[]){
        Scanner reader = new Scanner(System.in);
        boolean b = reader.nextBoolean();
        System.out.println(b);
        int i = reader.nextInt();
        System.out.println(i);
        float f = reader.nextFloat();
        System.out.println(f);
        double d = reader.nextDouble();
        System.out.println(d);
        String s = reader.next();
        System.out.println(s);
    }
}
```

编译、运行程序，结果如下。

```
c:\ch3>javac SystemInput.java
c:\ch3>java SystemInput
true
true
1
1
2.0
2.0
3.0
3.0
abc
abc
```

说明:以上程序运行结果中,斜体为输入,正体为输出,下同。

【例题 3.6】

用 Rect 类创建对象,要求用户从键盘输入矩形对象的宽和高,每输入一个数字按一次 Enter 键确认。

```
//InputRect.java
import java.util.Scanner;
class Rect{
    double width; //矩形的宽
    double height; //矩形的高
    double getArea(){ //计算面积的方法
        double area = width * height;
        return area;
    }
}
public class InputRect{
    public static void main(String args[]){
        Rect rectangle = new Rect();
        Scanner reader = new Scanner(System.in);
        System.out.println("输入矩形的宽,并回车确认");
        rectangle.width = reader.nextDouble();
        System.out.println("输入矩形的高,并回车确认");
        rectangle.height = reader.nextDouble();
        double area = rectangle.getArea();
        System.out.println("rectangle 的面积:" + area);
    }
}
```

编译、运行程序,结果如下。

```
c:\ch3>javac InputRect.java
c:\ch3>java InputRect
输入矩形的宽,并回车确认
2
输入矩形的高,并回车确认
2
rectangle 的面积:4.0
```

在使用以上 nextXXX()及 next()方法时,Scanner 对象 reader 扫描的算法为:当遇到第一个非分隔符时开始扫描,直到遇到第一个分隔符停止扫描。分隔符包括空格、换行符。

当 nextXXX()及 next()与 nextLine()连用时需要注意,防止读取错误。

3.7.2 输出基本型数据

System. out. println()或 System. out. print()可输出 boolean、char、int、long、float、double、String 类型的值,二者的区别是前者输出数据后换行,后者不换行。

允许使用并置符号"+"将变量、表达式或一个常数值与一个字符串并置后一起输出,如:

```
System.out.print("1 + 2 = " + (1 + 2));    //"1 + 2 = "是字符串,(1 + 2)是表达式,中间的"+"
                                            //起到并置的作用。
System.out.println(i + ">" + j);
```

需要特别注意的是:并置的若干个分量中必须有一个字符串。如果没有字符串,那么"+"仅表示加法运算。

【例题 3.7】

```
public class PlusFunction{
    public static void main(String args[]){
        String s1 = "my";
        String s2 = "god";
        char c = 'a';
        System.out.println(s1 + s2);
        System.out.println(s2 + c);
        System.out.println(s1 + 5);
        System.out.println(c + 5);
    }
}
```

编译、运行程序,结果如下。

```
c:\ch3>javac PlusFunction.java
c:\ch3>java PlusFunction
mygod
goda
my5
102
```

前三个加法的操作数均有字符串,“+”起到并置作用,作为字符串输出。而第四个,由于加法的操作数无字符串,“+”表示加法运算,由于字符'a'在内存中存的就是字符'a'的 ASCII 码 97,因此 97+5=102。

另外,JDK 1.5新增了和 C 语言中 printf 函数类似的数据输出方法,该方法使用格式为:

System.out.printf("格式控制部分",表达式 1,表达式 2,…,表达式 n);

格式控制部分由格式控制符号:%d、%c、%f、%s 和普通字符组成。普通字符原样输出。格式符号用来输出表达式的值。

- %d:输出 int 类型数据。
- %c:输出 char 类型数据。
- %f:输出浮点型数据,小数部分最多保留 6 位。
- %s:输出字符串数据。

输出数据时也可以控制数据在命令行的位置,如:

- %md:输出的 int 类型数据占 *m* 列。
- %m.nf:输出的浮点类型数据占 *m* 列,小数点后保留 *n* 位。

【例题 3.8】

```
public class FormatControl{
  public static void main(String[] args) {
    double d = 345.678;
    cString s = "你好!";
    int i = 1234;
    System.out.printf("%f\n", d);//"f"表示格式化输出浮点数。
    System.out.printf("%9.2f\n", d);//"9.2"中的 9 表示输出的长度,2 表示小数点后的
                               //位数。
    System.out.printf("%+9.2f\n", d);//"+"表示输出的数带正负号。
    System.out.printf("%-9.4f\n", d);//"-"表示输出的数左对齐(默认为右对齐)。
    System.out.printf("%+-9.3f\n", d);//"+-"表示输出的数带正负号且左对齐。
    System.out.printf("%d\n", i);//"d"表示输出十进制整数。
    System.out.printf("%o\n", i);//"o"表示输出八进制整数。
    System.out.printf("%x\n", i);//"x"表示输出十六进制整数。
    System.out.printf("%#x\n", i);//"#x"表示输出带有十六进制标志的整数。
    System.out.printf("%s\n", s);//"s"表示输出字符串。
    System.out.printf("输出一个浮点数:%f,一个整数:%d,一个字符串:%s\n", d, i, s);
  }
}
```

编译、运行程序，结果如下。

```
c:\ch3>javac FormatControl.java
c:\ch3>java FormatControl
345.678000
    345.68
  +345.68
345.6780
+345.678
1234
2322
4d2
0x4d2
你好!
输出一个浮点数:345.678000,一个整数:1234,一个字符串:你好!
```

习 题 3

1. 下面程序编译后会形成几个字节码文件？

```
//Test.java
class A{
    …
}
class B{
    …
}
public class Test{
    public static void main(String args[]){
        …
    }
}
```

2. 由用户从键盘输入“我在学习Java，我学得很认真！”，并在屏幕上输出。

3. 按要求完成。

(1)定义一个Person类，具有成员变量：String类型的name，boolean类型的sex；成员方法：setName( )，getName( )，setSex( )，getSex( )。

(2) 定义一个测试类 Test,具有 main 方法,输出 Person 的 name 和 sex。
要求两个类放在两个 Java 文件中。
4. 完成第 3 题,要求两个类放在一个 Java 文件中。

第4章　类与对象

4.1　方法重载

方法重载即指多个方法可以享有相同的名字,但是这些方法的参数必须不同,即参数个数不同,或者是参数类型不同。返回类型不能作为区分方法重载的标准。

如果想打印不同类型的数据,如int、float、double,在没有方法重载的时候,就需要分别定义三个不同的方法,如printInt(int)、printFloat(float)、printDouble(double);有了方法重载,则只需要定义一个print()方法,接收不同类型的参数,如print(int)、print(float)、print(double)。

【例题4.1】

```
//MethodOverloadingDemo.java
class MethodOverloading{
    void receive(int i){
        System.out.println("Receive one int data");
        System.out.println("i = " + i);
    }
    void receive(int x,int y){
        System.out.println("Receive two int data");
        System.out.println("x = " + x + " y = " + y);
    }
    void receive(double d){
        System.out.println("Receive one double data ");
        System.out.println("d = " + d);
    }
    void receive(String s){
        System.out.println("Receive a string ");
        System.out.println("s = " + s);
    }
}
public class MethodOverloadingDemo{
    public static void main(String args[]){
```

```
        MethodOverloading mo = new MethodOverloading();
        mo.receive(1);
        mo.receive(2,3);
        mo.receive(12.56);
        mo.receive("very interesting,isn't it");
    }
}
```

编译、运行程序,结果如下。

```
c:\ch4>javac MethodOverloadingDemo.java
c:\ch4>java MethodOverloadingDemo
Receive one int data
i=1
Receive two int data
x=2 y=3
Receive one double data
d=12.56
Receive a string
s=very interesting,isn't it
```

编译器根据参数的个数和类型决定当前所使用的方法。

方法重载是面向对象多态性的一个体现。在上述例题中,

mo.receive(1);

mo.receive(2,3);

mo.receive(12.56);

mo.receive("very interesting,isn't it");

正体现了面向对象的多态性,即同一对象 mo 做相同的事情 receive,会根据传递来的参数不同,产生不同的行为。

注意:如果两方法的声明中,参数的类型和个数均相同,只是返回类型不同,则不属于方法重载,编译时会产生错误,即返回类型不同不是方法重载的依据。

【例题 4.2】

采用方法重载的方式定义 computerArea 方法,计算面积,可以计算梯形面积或圆面积。

```
class Tixing {
    double above,bottom,height;
    double getArea() {
```

```
        return (above + bottom) * height/2.0;
    }
}
class Circle{
    double radius;
    double getArea(){
        return 3.14 * radius * radius;
    }
}
class People {
    double computerArea(Circle c) {
        double area = c.getArea();
        return area;
    }
    double computerArea(Tixing t) {
        double area = t.getArea();
        return area;
    }
}
public class AreaDemo{
    public static void main(String args[]) {
        Circle circle = new Circle();
        circle.radius = 196.87;
        Tixing lader = new Tixing();
        lader.above = 3.0;
        lader.bottom = 21.0;
        lader.height = 9.0;
        People zhang = new People();
        System.out.println("zhang计算圆的面积:");
        double result = zhang.computerArea(circle);
        System.out.println(result);
        System.out.println("zhang计算梯形的面积:");
        result = zhang.computerArea(lader);
        System.out.println(result);
    }
}
```

```
c:\ch4>javac AreaDemo.java
c:\ch4>java AreaDemo
zhang 计算圆的面积:
121699.48226600002
zhang 计算梯形的面积:
108.0
```

在上述例题中,同一个对象 zhang 调用相同的方法 computerArea(),会根据参数的不同而执行不同的计算面积的算法。

课堂练习 4.1

指出下面程序的错误。

```
class Rect{
    int width;
    int height;
    int getArea(){
        int area = width * height;
        return area;
    }
    double getArea(){
        double area = width * height;
        return area;
    }
}
public class Test{
    public static void main(String args[]){
        Rect r1 = new Rect();
        System.out.println(r1.getArea());
    }
}
```

方法重载的特点小结

①多个方法可以享有相同的名字。
②方法的参数必须不同,即或者参数个数不同,或者参数类型不同。
③重载的方法完成的功能相似。
④返回类型不同不作为方法重载的依据。
⑤方法重载体现面向对象的多态性。

4.2 变量作用域

类的成员变量的作用域在整个类定义体内；方法的参数变量、局部变量的作用域都在方法体内。

对在第3章介绍的矩形类扩充如下。

【例题4.3】

```
class Rect {
    double width;
    double height;
    double getArea() {
        double area = width * height;
        return area;
    }
    void setHeight(double h){
        height = h;
    }
}
```

其中，width和height为成员变量，在整个类Rect的定义体内都有效；area为成员方法体内的局部变量，在方法getArea()体内有效；h为参数变量，在方法setHeight()内有效。

成员变量width和height可以不赋初值，其有默认值；而成员方法内的局部变量需要赋初值后，才能使用。

课堂练习4.2

指出下面程序的错误，并改正。

```
class Rect{
    double width;
    width = 1;
    double height;
    double getArea(){
        return width * height;
    }
}
public class Test{
    public static void main(String args[]){
```

```
        Rect r1 = new Rect();
        System.out.println(r1.width);
        System.out.println(r1.height);
        int i;
        for(i = 0;i<5;i + +){
            System.out.println(i);
        }
        int j;
        System.out.println(j);
    }
}
```

如果在方法体内使用类的成员变量，而成员变量名与参数名相同，这时候方法体内参数名独占整个方法体，同名的成员变量名被隐藏。如果想使用类的成员变量，则需要使用 this 关键字。

```
class Rect {
    double width;
    double height;
    double getArea() {
        double area = width * height;
        return area;
    }
    void setHeight(double height){
        this.height = height;
    }
}
```

在方法 setHeight 中，方法的参数名 height 与方法所属类的成员变量名 height 相同，这时候在方法体内出现的 height 都指的是参数 height，如果想表示成员变量 height，则使用 this. height。其中，this 指代调用该成员方法的对象。如：

```
class RectDemo{
    public static void main(String args[]){
        Rect r = new Rect();
        r.setHeight(5.0);
        System.out.println(r.getArea());
    }
}
```

当执行“r. setHeight(5. 0);”时，this 指代调用 setHeight 方法的对象，即 r，因此，实际执行方法体 r. height=5. 0，将参数 5. 0 传给 Rect 类的对象 r 的 height 成员变量。

同样的，如果在方法体内定义了局部变量，该局部变量与类的成员变量同名，这时候同名的成员变量被隐藏。如果想表示被隐藏的成员变量，则使用 this 关键字。

【例题 4.4】

```
//VariableScopeDemo.java
class VariableScope{
    int x=0,y=0,z=0;//成员变量
    void init(int x,int y){//参数变量 x,y
        this.x=x; //参数 x 赋值给成员变量 x
        this.y=y; //参数 y 赋值给成员变量 y
        int z=5;//方法中的局部变量 z
        System.out.println(x+" "+y+" "+z);//输出参数 x、参数 y、局部变量 z
    }
}
public class VariableScopeDemo{
    public static void main(String args[]){
        VariableScope v=new VariableScope();//创建对象 v,成员变量 x,y,z 初值均为 0
        System.out.println(v.x+" "+v.y+" "+v.z);//输出对象 v 的成员变量 x,y,z
        v.init(20,30);//对象 v 的成员 x,y 分别被赋值 20,30,成员 z 未变
        System.out.println(v.x+" "+v.y+" "+v.z); //输出对象 v 的成员变量 x,y,z
    }
}
```

编译、运行程序，结果如下。

```
c:\ch4>javac VariableScopeDemo.java
c:\ch4>java VariableScopeDemo
0 0 0
20 30 5
20 30 0
```

当不存在同名的时候，this 关键字是可以省略的，比如例题 4.3。

```
class Rect {
    double width;
    double height;
    double getArea() {
        double area=width*height;
        return area;
    }
```

```
    void setHeight(double h){
        height = h;
    }
}
```

在 setHeight()方法中,参数 h 与 height 并不同名,这时候 height 前可以省略 this,但其含义还是表示调用 setHeight()方法的对象的 height 值。比如:

```
Rect r1 = new Rect();
r1. setHeight(1.0);
```

对象 r1 调用 setHeight()方法,将 1.0 赋值给 height,这里的 height 是属于对象 r1 的,即 this. height=h,由于没有同名存在,因此 this 可以省略。

课堂练习 4.3

指出下面程序中的错误。

```
public class A{
    void f(){
        int m = 10,sum = 0;
        if(m>9){
            int z = 10;
            z = 2 * m + z;
        }
        for(int i = 0;i<m;i + + ){
            sum = sum + i;
        }
        m = sum;
        z = i + sum;
    }
}
```

变量作用域小结

当在类定义的方法体内出现以下两种情况时:成员方法的参数名与类的成员变量名同名;方法体内的局部变量与类的成员变量名同名,类的成员变量都被隐藏,如需使用,则需要加 this 关键字,指代调用该成员的对象。

4.3 构造方法

类是面向对象语言中一种重要的数据类型，可以用它来声明变量。在面向对象语言中，用类声明的变量称作“对象”。和基本数据类型不同，在用类声明对象后，还必须创建对象，即为声明的对象分配空间。当使用一个类创建一个对象时，也称给出了这个类的一个实例。

回忆第3章的例题3.2。

```
//ComputerRectAreaUsingClass.java
class Rect{
    double width; //矩形的宽
    double height; //矩形的高
    double getArea(){ //计算面积的方法
        double area = width * height;
        return area;
    }
}
public class ComputerRectAreaUsingClass{
    public static void main(String args[]){
        Rect r; //声明对象
        r = new Rect(); //创建对象
        r.width = 1.2; //对象 r 的成员变量赋初值
        r.height = 3.4; //对象 r 的成员变量赋初值
        double area = r.getArea();
        System.out.println(area);
    }
}
```

用Rect类创建对象时，需要用new运算符，new完成分配空间和调用类的构造方法的任务。

在Rect类的定义中，width和height都是成员变量，表明矩形的属性，getArea()为成员方法，表明矩形所具有的行为，能够计算面积。那么构造方法在哪里？

构造方法也是一种成员方法，只不过是特殊的成员方法。如果在类中没有显式地列出构造方法，则类都存在一个默认的构造方法，如上述Rect类就存在一个默认的构造方法：

```
Rect(){
}
```

默认的构造方法的方法体为空。

从默认的构造方法可以看出，构造方法的特点为：

①构造方法名与类名相同。

②构造方法没有返回类型。

也可以根据情况显式地列出 Rect 类的构造方法。如果想在创建对象的同时，就对对象的成员变量进行初始化，可以如下定义 Rect 类。

【例题 4.5】

```
//ConstructorMethod.java
class Rect{
    double width; //矩形的宽
    double height; //矩形的高
    Rect(double width,double height){ //构造方法
            this.width = width;
        this.height = height;
    }
    double getArea(){ //计算面积的方法
        double area = width * height;
        return area;
    }
}
public class ConstructorMethod{
    public static void main(String args[]){
        Rect r; //声明对象
        r = new Rect(1.2,3.4); //创建对象
        double area = r.getArea();
        System.out.println(area);
    }
}
```

new 运算符分配空间，并调用构造方法，将参数 1.2 和 3.4 分别传给 width 和 height，起到赋初值的作用。

构造方法是可以重载的，如：

【例题 4.6】

```
//ConstructorMethod.java
class Rect {
    double width;
```

```
    double height;
    Rect(){//不带参数的构造方法
        width = 10.0;
        height = 20.0;
    }
    Rect(double width,double height){//带参数的构造方法
        this.width = width;
        this.height = height;
    }
  double getArea(){//计算面积的方法
        double area = width * height;
        return area;
    }
}
public class ComputerUsingOverLoadedConstructor {
    public static void main(String args[]){
        Rect r1,r2;
        r1 = new Rect();//调用不带参数的构造方法
        r2 = new Rect(1.2,3.4);//调用带参数的构造方法
        System.out.println(r1.getArea());
        System.out.println(r2.getArea());
    }
}
```

两个Rect()方法，都是构造方法，且方法名相同，参数不同，因此为重载的构造方法。创建对象时，应根据参数的个数或类型不同，选择不同的构造方法进行初始化。

编译、运行程序，结果如下。

```
c:\ch4>javac ConstructorUsingOverLoadedMethod.java
c:\ch4>java ConstructorUsingOverLoadedMethod
200.0
4.08
```

课堂练习 4.4

指出下面程序的错误，并改正。

```
class Rect{
    double width = 1.0;
```

```
        double height = 1.0;
        double getArea(){
            return width * height;
        }
    }
    public class ConstructorTest{
        public static void main(String args[]){
            Rect r1 = new Rect(1,2);
            System.out.println(r1.getArea());
        }
    }
```

构造方法的特点小结

①构造方法名与类名相同。

②构造方法无返回类型。

③构造方法在用 new 运算符创建对象时调用。

④若在类的定义中没有显式地列出构造方法，则使用默认的构造方法，默认的构造方法体为空，如：

```
类名(){
}
```

⑤构造方法可以重载。

4.4 内存管理

在 Java 中，有 Java 程序、Java 虚拟机(JVM)、操作系统三个层次，其中 Java 程序与 JVM 交互，而 JVM 与操作系统交互，这就保证了 Java 程序的平台无关性。下面从程序运行前、程序运行中、程序运行内存溢出三个阶段来说一下 Java 内存管理原理。

①程序运行前：JVM 向操作系统请求一定的内存空间，称为"初始内存空间"。程序执行过程中所需的内存都是由 JVM 从这片初始内存空间中划分的。

②程序运行中：Java 程序一直向 JVM 申请内存，当程序所需要的内存空间超出初始内存空间时，JVM 会再次向操作系统申请更多的内存供程序使用。

③内存溢出：程序接着运行，当 JVM 已申请的内存达到了规定的最大内存空间，但程序还需要更多的内存时，这时会出现内存溢出错误。

至此可以看出，Java 程序所使用的内存是由 JVM 进行管理、分配的。JVM 规定了 Java 程序的初始内存空间和最大内存空间，应用程序开发者只需要关心 JVM 是如何管理内存空间的，而不用关心某一种操作系统是如何管理内存的。

Java 虚拟机构成如图 4-1 所示，它包括以下几部分内容。

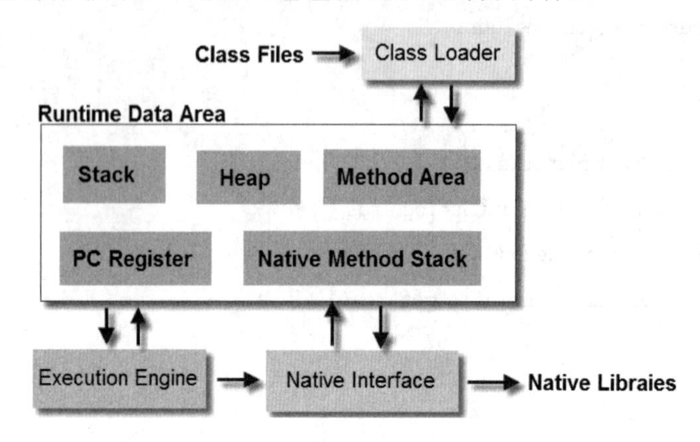

图 4-1 Java 虚拟机(JVM)构成图

(1)Class Loader 类加载器

Java 程序运行的时候，首先由 Class Loader 类加载器加载类文件到内存，Class Loader 只管加载，只要符合文件结构就加载，至于说能不能运行，则是由 Execution Engine 负责的。

(2)Execution Engine 执行引擎

执行引擎也称为解释器(Interpreter)，负责解释命令，提交操作系统执行。

(3)Native Interface 本地接口

本地接口的作用是融合不同的编程语言为 Java 所用，它的初衷是融合 C/C++程序，Java 诞生的时候是 C/C++横行的时候，要想立足，必须有一个聪明的、睿智的调用C/C++程序的方法，于是就在内存中专门开辟了一块区域处理标记为 native 的代码，它的具体做法是在 Native Method Stack 中登记 native 方法，在 Execution Engine 执行时加载 native 库。目前该方法使用得越来越少了。

(4)Runtime Data Area 运行数据区

运行数据区是整个 JVM 的重点。所有的程序都被加载到这里，之后才开始运行。

所有的数据和程序都是在运行数据区存放的，它包括：方法区、堆、栈、程序计数器、本地方法。

①方法区：默认最大容量为 64M，JVM 会将加载的 Java 类存入方法区，保存类的结构(属性与方法)、类静态成员、final 类型常量等内容。

②堆：默认最大容量为 64M，存放对象所持有的数据，同时保持对原类的引用。可以简单地理解为对象属性的值保存在堆中，对象调用的方法保存在方法区。堆可以处于物理上不连续的内存空间，但在逻辑上它是连续的。

③栈：默认最大容量为 1M，在程序运行时，每当遇到方法调用时，JVM 就会在栈中划分一块内存称为“栈帧”(Stack frame)，栈帧又由局部变量区和操作数栈组成，局部变量区存放方法中的局部变量和参数，操作数栈存放方法执行过程中产生的中间结果。当方法调用结束后，JVM 会收回栈帧所占用的内存。

④程序计数器：保存 JVM 正在执行的字节码指令的地址，以保证程序的顺序执行。

⑤本地方法栈：本地方法栈与栈发挥的作用是类似的，只不过栈为虚拟机运行 JVM 原语服务，而本地方法栈是为虚拟机使用到的本地方法服务。

栈解决程序的运行问题，即程序如何执行；而堆解决的是数据存储的问题，即数据怎么放，放在哪里。堆中存的是对象的成员变量值；栈中存的是基本数据类型值和堆中对象的引用。

Java 程序中声明变量的语句在 Java 程序执行时向 JVM 申请内存。变量有不同的类型，可以是基本数据类型变量，也可以是引用数据类型变量。

①如果是基本数据类型变量，如“int i;”，则 JVM 在栈中分配一块 4 个字节的内存保存变量 i 的值。基本数据类型占用内存的大小是确定的，boolean 和 byte 都占用 1 个字节，short 和 char 都占用 2 个字节，int 和 float 都占用 4 个字节，long 和 double 都占用 8 个字节。

②如果是引用数据类型变量，假设使用例题 4.6 所示的 Rect 类“Rect r1;”，则 JVM 在栈中分配一块 4 个字节内存，以保存实际对象 r1 在堆中的地址。在执行“Rect r1;”这一声明语句时，并没有创建对象，其内存如图 4-2 所示。

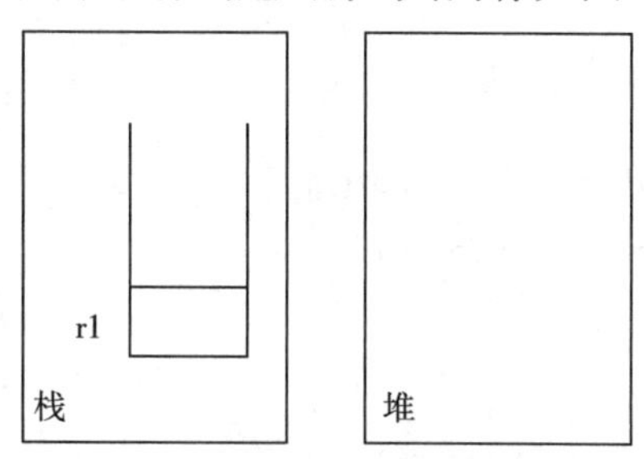

图 4-2　执行“Rect r1;”后的内存

当执行语句“r1=new Rect();”时，会做以下三件事，结果如图 4-3 所示。

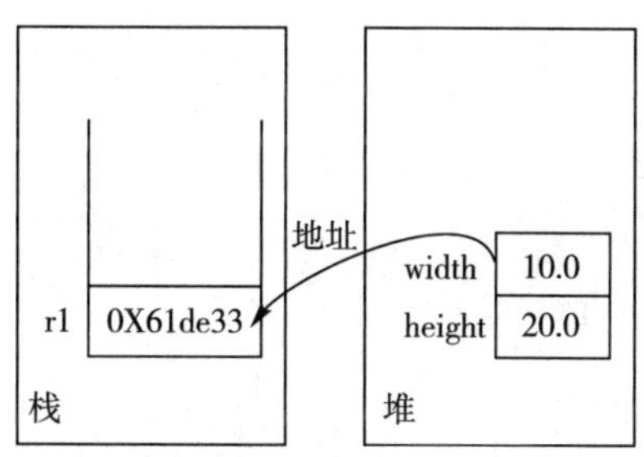

图 4-3　执行“r1=new Rect()”后的内存

• 首先使用 new 创建对象，在堆中分配内存空间以存放对象属性值等信息。
• 调用默认构造方法进行初始化。
• 将分配的堆空间地址赋值给栈中的 r1。

如果再有语句“Rect r2＝new Rect(1. 2,3. 4);”被执行，则内存空间如图 4-4 所示。

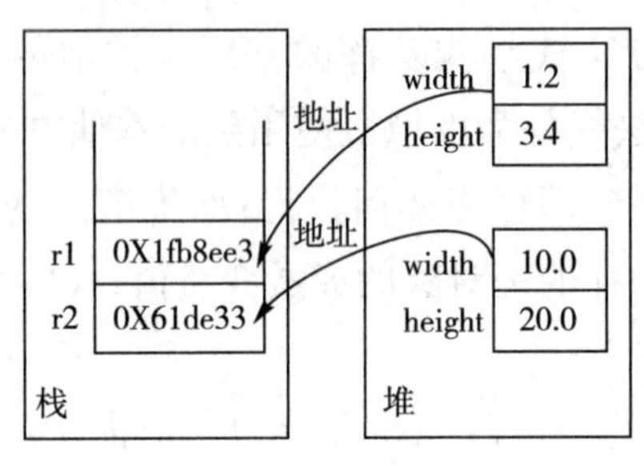

图 4-4　执行“Rect r2＝new Rect(1. 2,3. 4)”后的内存

【例题 4. 7】

```
class Student{
    String name;
    int age;
    void study(){
        System.out.println("我在学习");
    }
}
public class MemoryDemo{
    public static void main(String args[]){
        Student stu1 = new Student();
        stu1.name = "Tom";
        stu1.age = 18;
        Student stu2 = new Student();
        stu2.name = "Jerry";
        stu2.age = 22;
        int i = 10;
        int arr[] = {1,2,3,4,5};
        System.out.println(i);
        for(int j:arr){
            System.out.println(j);
        }
    }
}
```

下面分析一下程序执行过程中内存的情况。

①首先程序中所有的类被加载到内存的方法区，如图 4-5 所示，方法区保存着类的结构信息。

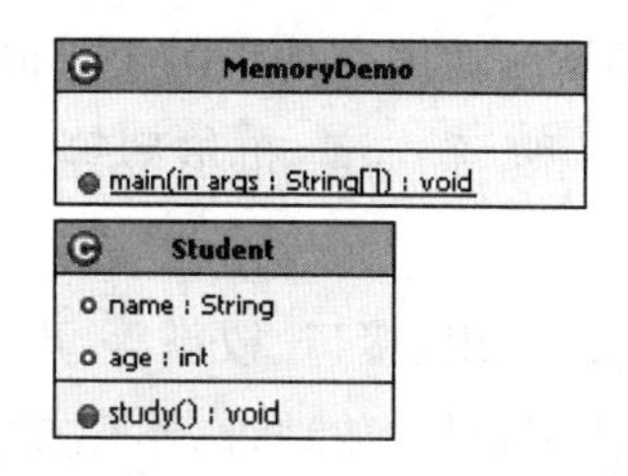

图 4-5 方法区保存的类的结构信息

②程序从 main 方法开始执行。

- Student stu1=new Student();

在栈中分配 4 个字节存放 stu1，在堆中分配一块区域存放 new 出来的对象，并将对象的地址存入 stu1 中。

- stu1. name="Tom";

stu1. age=18;

为堆中对象的成员变量赋值。

- 对 stu2 做如上相同处理。
- int i=10;

在栈中分配一块 4 个字节的内存，存 10。

- int arr[]={1,2,3,4,5};

在栈中分配一块内存存数组的地址，数组值存在堆中。

内存分配情况如图 4-6 所示。

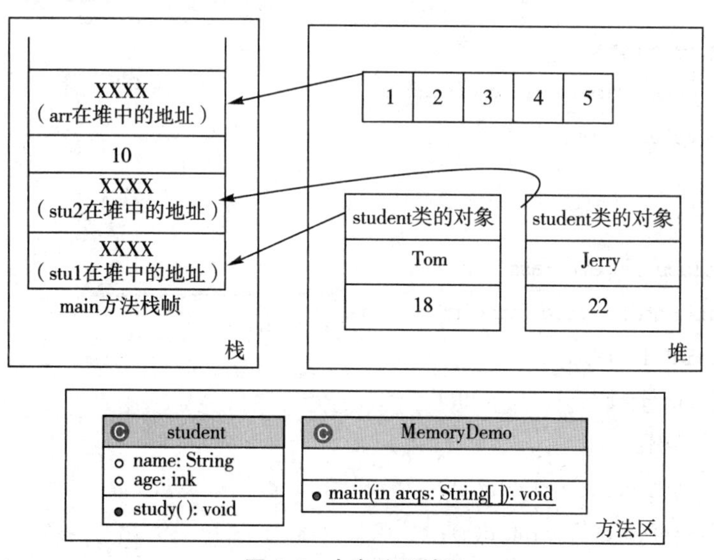

图 4-6 内存分配情况

4.5 参数传递

基本数据类型和引用数据类型在内存的分配上不同。

①对于基本数据类型，如整型、浮点型、布尔型等，声明此类型变量，只会在栈中分配一块内存空间。

②对于引用数据类型，如类、数组、接口、枚举等，声明此类型变量，在内存中分配两块空间，第一块内存分配在栈中，只存放地址，不存放具体数值，第二块内存分配在堆中，存放的是具体数值，如对象属性值等。

下面看一个赋值的例子。

【例题 4.8】

```
//CompareClass.java
class Rect {
    double width;
    double height;
    Rect(){
        width = 10.0;
        height = 20.0;
    }
    Rect(double width,double height){
        this.width = width;
        this.height = height;
    }
    double getArea(){
        double area = width * height;
        return area;
    }
}
public class CompareClass{
    public static void main(String args[]){
        int i = 1;
        int j = 2;
        i = j;
        System.out.println(i);
        System.out.println(j);
        Rect r1 = new Rect();
```

```
            Rect r2 = new Rect(1.2,3.4);
            System.out.println(r1 + " " + r2);
            System.out.println(r1.width + " " + r1.height + " " + r1.getArea());
            System.out.println(r2.width + " " + r2.height + " " + r2.getArea());
            r1 = r2;
            System.out.println(r1 + " " + r2);
            System.out.println(r1.width + " " + r1.height + " " + r1.getArea());
            System.out.println(r2.width + " " + r2.height + " " + r2.getArea());
        }
    }
```

编译、运行程序，结果如下。

```
c:\ch4>javac CompareClass.java
c:\ch4>java CompareClass
2
2
Rect@14a55f2 Rect@15093f1
10.0 20.0 200.0
1.2 3.4 4.08
Rect@15093f1 Rect@15093f1
1.2 3.4 4.08
1.2 3.4 4.08
```

由上例可以看出，由于 i、j 为基本数据类型变量，因此其值都存在栈中，当执行“i=j;”语句时，将 j 的值 2 赋给了 i，i 和 j 都等于 2，但是 i 和 j 是两个不同的内存空间。语句“i=j;”称为传值操作。

而对象 r1、r2 为引用数据类型，栈中存放的是其值在堆中的地址，当执行“r1=r2;”语句时，将 r2 的值(r2 对象在堆中的地址)赋值给了 r1(r1 对象在堆中的地址)。这样 r1 和 r2 中的内容都是地址，而且都指向原来 r2 指向的堆空间。也就是说，执行“r1=r2;”语句后，r1 和 r2 内容相同，都是地址，且都指向堆中的原来存放 r2 对象值的内存空间。语句“r1=r2;”称为传地址操作。具体如图 4-7 所示。

由上例可知，根据变量所属数据类型的类别不同，在赋值时存在差异。若是基本数据类型变量，其值存在栈中，赋值时修改其值；若是引用数据类型对象，其成员变量值存在堆中，堆的地址存在栈中，赋值时修改的是栈中的值，即数据在堆中的地址。

理解了基本数据类型与引用数据类型在赋值时的差别之后，我们来看参数的传递。

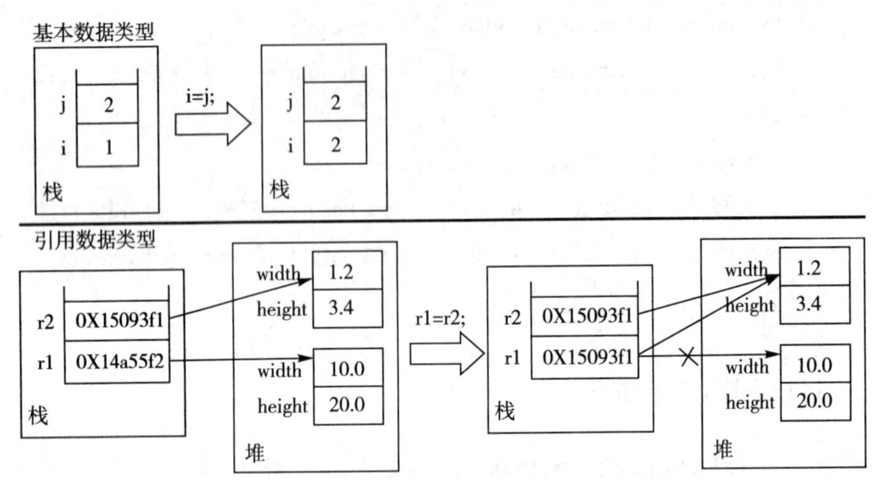

图 4-7 基本数据类型与引用数据类型在赋值时的差别

【例题 4.9】

```
//SwapValueDemo.java
class SwapValue{
    void swap(int x,int y){
        int temp;
        System.out.println(x+","+y);
        temp=x;
        x=y;
        y=temp;
        System.out.println(x+","+y);
    }
}
public class SwapValueDemo{
    public static void main(String args[]){
        int u=30,v=50;
        System.out.println(u+","+v);
        SwapValue s=new SwapValue();
        s.swap(u,v);
        System.out.println(u+","+v);
    }
}
```

编译、运行程序，结果如下。

```
c:\ch4>javac SwapValueDemo.java
c:\ch4>java SwapValueDemo
30,50
30,50
50,30
30,50
```

分析一下方法 swap()的调用情况。

调用语句如下。

```
s.swap(u,v);
```

swap()方法如下。

```
void swap(int x,int y){
    int temp;
    System.out.println(x+","+y);
    temp=x;
    x=y;
    y=temp; //交换 x,y
    System.out.println(x+","+y);
}
```

u、v 称为实参，x、y 称为形参。u、v 为 main 方法的局部变量，在 main 方法体内有效，当程序运行结束时，u、v 变量的内存空间被释放；x、y 为 swap 方法的形参，只在 swap 方法体内有效，当 swap 方法调用结束后，形参 x,y 的内存空间被释放。

当对象 s 在调用 swap 方法时，存在实参向形参的赋值，即 x=u,y=v。而 u、v 均为基本数据类型，经过赋值后，只是将 u、v 的值赋给了 x、y，这是一个传值的操作。x 和 u是不同的变量，y 和 v 也是不同的变量，它们相互不影响，对 x、y 的交换操作不影响 u、v 的值。当 swap 方法调用结束后，x、y 均被释放，u、v 的值并没有发生改变。

【例题 4.10】

```
//SwapAddressDemo.java
class SwapAddress{
    int x,y;
    void swap(SwapAddress p){
        int temp;
        System.out.println(p.x+","+p.y);
        temp=p.x;
        p.x=p.y;
```

```
        p.y=temp;
        System.out.println(p.x+","+p.y);
    }
}
public class SwapAddressDemo{
    public static void main(String args[]){
        int u=30,v=50;
        SwapAddress s=new SwapAddress();
        s.x=u;
        s.y=v;
        System.out.println(s.x+","+s.y);
        s.swap(s);
        System.out.println(s.x+","+s.y);
    }
}
```

编译、运行程序，结果如下。

```
c:\ch4>javac SwapAddressDemo.java
c:\ch4>java SwapAddressDemo
30,50
30,50
50,30
50,30
```

分析一下方法 swap()的调用情况。

调用语句如下。

```
s.swap(s);
```

swap()方法如下。

```
void swap(SwapAddress p){
    int temp;
    System.out.println(p.x+","+p.y);
    temp=p.x;
    p.x=p.y;
    p.y=temp;
    System.out.println(p.x+","+p.y);
}
```

s.swap(s)括号中的 s 为实参，void swap(SwapAddress p)括号中的 p 为形参。

s 为main 方法的局部变量，在 main 方法体内有效，当程序运行结束时，释放对象 s 的内存空间；对象 p 为 swap 方法的形参，只在 swap 方法体内有效，当 swap 方法调用结束后，形参 p 的内存空间被释放。

当对象 s 在调用 swap 方法时，存在实参向形参的赋值，即 p=s。而 p、s 均为类的数据类型，即引用数据类型。经过赋值后，p 和 s 均指向了对象 s 的成员变量所在的堆空间，在 swap 方法内对 p 的成员变量的操作，实际也是对 s 的成员变量的操作，因此 s 对象的成员变量 x 和 y 发生了互换。

参数传递的特点小结

Java 中的方法参数，如果为基本数据类型，则为传值，方法调用结束后，在方法体内对实参的修改不起作用；如果为引用数据类型，则为传地址，方法调用结束后，在方法体内对实参的修改起作用。

4.6 可变参数

可变参数是JDK 1.5新增的功能，当参数类型确定，但个数不确定时可以使用。例如：

int f(int…x)

方法 f 的参数列表中，用 x 表示若干个整数，个数不确定。x 可以理解为个数不确定的数组，通过下标运算表示具体参数，如 x[0]、x[1]……表示具体参数，x.length 表示实际参数个数。

例如，经常需要计算若干个整数的和。

1+2，100+200+300，1+2+5+6+7+10

由于整数的个数不确定，因此可以使用带可变参数的方法计算它们的和。

【例题 4.11】

```
public class VariableArguments{
    int getSum(int…x){
        int sum = 0;
        for(int i = 0;i<x.length;i++){
            sum + = x[i];
        }
        return sum;
    }
    public static void main(String args[]){
        VariableArguments test = new VariableArguments ();
        int result = test.getSum(100,200,300);
```

```
            System.out.println("100,200,300 的和为:" + result);
            result = test.getSum(1,2);
            System.out.println("1,2 的和为:" + result);
        }
    }
```

getSum 方法中的 for 循环也可以使用增强 for 循环形式，如：

```
int getSum(int…x){
    int sum = 0;
    for(int i:x){ //i 取 x 数组中的每个元素
        sum += i;
    }
    return sum;
}
```

当方法的参数除了包含可变参数外，还包含确定参数时，应将可变参数放在参数列表的末尾。例如：

```
int getSum(int a, int…x)
```

4.7 类成员与实例成员

回忆类的定义：

```
class 类名{
    成员变量;
    成员方法;
}
```

可以在成员变量或成员方法定义的前面加上 static 关键字，使它们分别成为类的成员变量和类的成员方法，也可以分别将它们称为“静态成员变量”和“静态成员方法”。如：

```
class 类名{
    static 成员变量;
    static 成员方法;
}
```

而没有加上 static 的，就称为“实例成员”。

用 static 修饰的成员为类成员，属于类，所有对象都共享一个，它在类的字节码文件被装载到内存时就创建了；没有 static 修饰的成员为实例成员，也称为“对象成员”，属于每个对象，当创建一个对象时，才会产生对应的实例成员，且每个对象的实例成员相互独立。

【例题 4.12】

```
class Member{
    static int a;
    int b;
    static void setA(int i){
        a = i;
    }
    static int getA(){
        return a;
    }
    void setB(int i){
        b = i;
    }
    int getB(){
        return b;
    }
}
public class MemberDemo{
    public static void main(String args[]){
        Member m1 = new Member();
        Member m2 = new Member();
        m1.setA(1);
        System.out.println(m1.getA() + "," + m2.getA() + "," + m1.getB() + "," + m2.getB());
        m2.setA(2);
        System.out.println(m1.getA() + "," + m2.getA() + "," + m1.getB() + "," + m2.getB());
        m1.setB(11);
        System.out.println(m1.getA() + "," + m2.getA() + "," + m1.getB() + "," + m2.getB());
        m2.setB(22);
        System.out.println(m1.getA() + "," + m2.getA() + "," + m1.getB() + "," + m2.getB());
    }
}
```

编译、运行程序，结果如下。

```
c:\ch4>javac memberDemo.java
c:\ch4>java memberDemo
1,1,0,0
2,2,0,0
2,2,11,0
2,2,11,22
```

类成员可以由类或对象调用，一般类成员方法只对类成员变量进行操作。类的成员变量为该类的所有对象所共享。

实例成员由对象调用，属于某一对象。对某对象实例成员的修改不会影响其他对象的实例成员。每个对象是相互独立的，各自对自己的成员变量负责。

课堂练习 4.5

指出下面程序的运行结果。

```
class B{
    int n;
    static int sum = 0;
    void setN(int n){
        this.n = n;
    }
    int getSum(){
        for(int i = 1;i< = n;i + + ){
            sum = sum + i;
        }
        return sum;
    }
}
public class Test{
    public static void main(String args[]){
        B b1 = new B(),b2 = new B();
        b1.setN(3);
        b2.setN(5);
        int s1 = b1.getSum();
        int s2 = b2.getSum();
        System.out.println(s1 + s2);
    }
}
```

下面探讨一下 Java 中的 main 方法，它是由 static 进行修饰的，也就是说，它是一种静态方法。在运行一个类的时候，例如，java HelloWorld，HelloWorld 类会被加载到内存空间的方法区，然后 JVM 找到 main 方法开始运行，main 方法必须是 static 静态的方法，由类来调用。如果不是静态方法，而是实例方法，那么必须由某一对象调用。在类被加载到内存首次运行时，还没有生成任何对象，即没有任何一个对象存在，从而来调用实例方法，因此 main 只能被修饰为 static 静态的，静态的成员方法可以由 HelloWorld 类来调用。因此 java HelloWorld 实际上就是 java HelloWorld.main()。

类成员和实例成员特点小结

①用 static 修饰的类中的成员变量或成员方法，都称为“类的成员”；没有用 static 修饰的，称为“实例成员”。

②类的成员唯一；而对象的成员有多个，每个相互独立。

③类的成员由类或对象来调用；对象的成员由对象来调用。

④类的成员在类有了之后就存在了，而对象的成员必须在生成对象之后才存在。

4.8 包

4.8.1 包的引入

为了理解 Java 的包，首先看下面的例题。

【例题 4.13】

下面为两个 Java 源程序。

```
//Package1.java
public class Package1{
    public static void main(String args[]){
        A a = new A();
        a.print();
    }
}
class A{
    int x = 10;
    int y = 20;
    void print(){
        System.out.println(x + y);
    }
}
//Package2.java
public class Package2{
    public static void main(String args[]){
        A a = new A();
        a.print();
    }
}
```

```
class A{
    int x=10;
    int y=20;
    void print(){
        System.out.println(x*y);
    }
}
```

Package1.java文件定义了两个类，一个为Package1，一个为A；而在Package2.java文件中也定义了两个类，一个为Package2，一个为A，这就存在两个同名的类A。

当编译Package1.java后，在当前目录下会生成对应的Package1.class和A.class，运行输出为30；然后编译Package2.java文件，在当前目录下会生成Package2.class和A.class，这时A.class文件会覆盖掉在编译Package1.java文件时所产生的A.class文件，运行Package2输出为200。这时候如果再运行Package1，输出是200，而不是30，因为此时的A.class文件已经是编译Package2.java文件所产生的。

为了解决类似这种同名类产生冲突的问题，Java提供了包的机制来有效地管理类。

例如，将Package1.java中的类Package1和类A放入包p1中，而将Package2.java中的类Package2和类A放入包p2中，这样两个类A就不会造成冲突，一个为p1包下的A(p1.A)，而另一个为p2包下的A(p2.A)。改写后的源程序如下。

【例题4.14】

```
//Package3.java
package p1;
public class Package3{
    public static void main(String args[]){
        A a=new A();
        a.print();
    }
}
class A{
    int x=10;
    int y=20;
    void print(){
        System.out.println(x+y);
    }
}
//Package4.java
```

```
package p2;
public class Package4{
    public static void main(String args[]){
        A a = new A();
        a.print();
    }
}
class A{
    int x = 10;
    int y = 20;
    void print(){
        System.out.println(x * y);
    }
}
```

4.8.2 包的定义

通过关键字 package 声明包语句。package 语句作为 Java 源程序的第一条语句，指明该源程序定义的类所在的包，即为该源程序中声明的类指定包名。package 语句的一般格式为：

package 包名[.子包名[.子包名…]];

Java 编译器把包对应于文件系统的目录管理，在 package 语句中，用"."来指明目录的层次。

如果源程序中省略了 package 语句，源程序所定义的类被隐含地认为是默认包(default package)中的类，对应当前目录。如之前的例题中，均没有 package 子句，表明文件都在默认包下，即对应当前目录。

下面通过例题给出带包的 Java 程序的编写、编译和运行过程。

【例题 4.15】

```
//Ex.java
package p1;
class Ex{
…
}
```

其含义为：定义一个 Ex 类，且为 p1 包下的 Ex 类。对应的文件结构为：当前目录下创建 p1 文件夹，里面放 Ex.java 文件。

上机操作过程如下。

在当前目录下，如 c:\ch4 下创建 p1 文件夹，将 Ex.java 文件置入其中，编译运行方式如下。

```
c:\ch4>javac p1\Ex.java
c:\ch4>java p1.Ex
```

javac p1\Ex. java 表示对 p1 文件夹下的 Ex. java 文件进行编译；java p1. Ex 表示加载 p1 包下的 Ex 类并运行。

课堂练习 4.6

```
package s1.s2.s3;
public class Hello{
}
```

如何存放 Hello. java 文件？

如何编译和运行？

如果采用 Eclipse 集成开发环境，只需要在创建类的同时定义其所属的包，如图 4-8所示，Java 源文件及编译生成的字节码文件会自动存入与包同名的目录下。

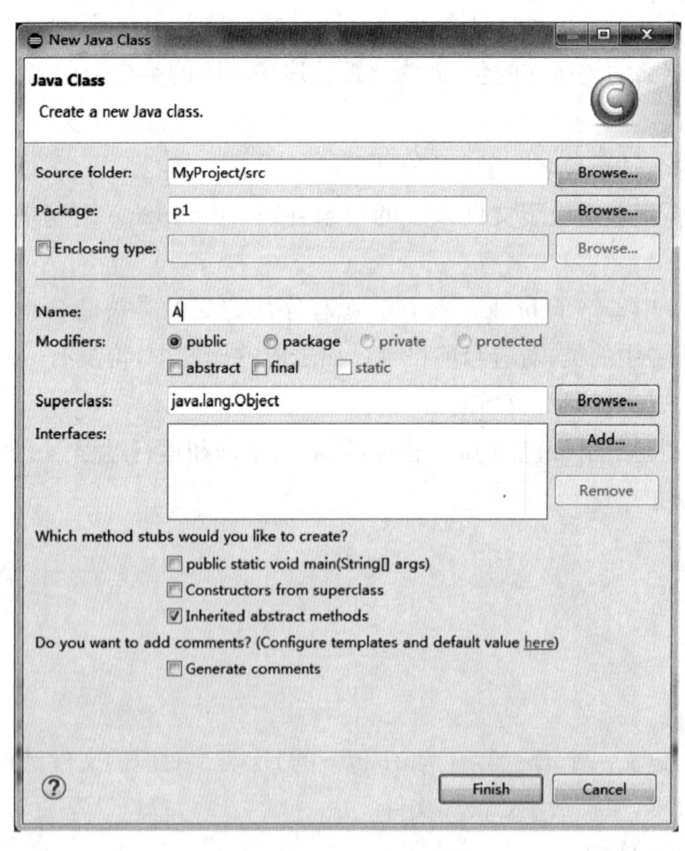

图 4-8　新建属于 p1 包的类 A

4.9　import 语句

为了能使用不在同一包中的其他类，需要使用 import 语句来引入所需要的类。

import 语句的语法格式如下。

import package1[. package2]. (classname| *);

例如：

import java. util. Scanner;

import java. util. Date;

Java 提供了大约 130 多个包，如：

java. lang：包含所有的基本语言类。

javax. swing：包含抽象窗口工具集中的图形、文本、窗口 GUI 类。

java. io：包含输入/输出类。

java. util：包含实用类。

java. sql：包含操作数据库的类。

java. net：包含所有实现网络功能的类。

java. applet：包含所有实现 Java Applet 的类。

Java 编译器为所有程序自动引入包 java. lang，因此程序员不必用 import 语句引入它所包含的所有类，包括 System 类、String 类、Math 类等。

如果要引入一个包中的全部类，则可以使用通配符 * ，如：

import java. util. *

表示引入 java. util 包中所有的类。import 语句引入整个包中的类，可能会增加编译时间，但绝对不会影响程序运行的性能。因为 Java 是一种动态执行的语言，当程序执行时，只是将真正用到的类的字节码加载到内存中。

import 语句一般放在程序的最前面，在 package 语句之后，可以有多个。

Java 程序一般结构如下：

```
package p; //0 个或 1 个
import…; //0 个或多个
import…;
class…{ //0 个或多个
}
class…{
}
public class…{ //至多 1 个
}
```

4.10 访问权限

4.10.1 类中成员的访问权限

我们已经知道，当用一个类创建了一个对象之后，该对象可以通过“.”运算符操作自己的成员变量，调用成员方法，但对象操作自己的成员是有一定限制的。该限制由访问权限修饰符 private、protected 和 public 来限定。其实除了这三种之外，还有一种，就是不使用任何访问权限修饰符，在下面的介绍中以 default 来表示。

表 4-1 4 种访问权限的作用范围比较

访问权限	同一个类中	同一个包中	不同包中的子类	不同包中的非子类
private	★			
default	★	★		
protected	★	★	★	
public	★	★	★	★

①private：同类。类中限定为 private 的成员变量和方法只能被这个类本身的方法访问，不能在类外通过名字来访问。但是访问保护是控制在类的级别上，同一个类的不同对象可以访问对方的私有成员。

②default：同类，同包。类中不使用任何访问权限修饰符修饰的成员变量和方法可以被这个类本身和同一个包中的类所访问。

③protected：同类，同包，子类(不一定要同包)。类中限定为 protected 的成员变量和方法可以被这个类本身，它的子类(包括同一个包中以及不同包中的子类)以及同一个包中所有其他的类访问。处在不同包中的子类可以访问父类中限定为 protected 的成员。

④public：所有。类中限定为 public 的成员变量和方法可以被所有的类访问。

【例题 4.16】

```
//AccessLimit.java
class Rect{
    private double width;
    private double height;
    private double getArea(){
        return width * height;
    }
}
```

```
public class AccessLimit{
    public static void main(String args[]){
        Rect r = new Rect();
        r.width = 1.0; //编译错
        r.height = 1.0; //编译错
        System.out.println(r.getArea()); //编译错
    }
}
```

Rect 类提供的成员变量 width 和 height 以及成员方法 getArea()都是 private 修饰的，均为私有成员，只能在类 Rect 中使用，在 AccessLimit 类中不能访问类 Rect 的私有成员。因此，编译出错。

【例题 4.17】

```
//AccessLimit.java
class Rect{
    double width;
    double height;
    double getArea(){
        return width * height;
    }
}
public class AccessLimit{
    public static void main(String args[]){
        Rect r = new Rect();
        r.width = 1.0; //编译错
        r.height = 1.0; //编译错
        System.out.println(r.getArea()); //编译错
    }
}
```

类 Rect 的成员变量 width 和 height 以及成员方法 getArea()都没有访问权限修饰符修饰，均为默认成员(default)，有效范围为同类、同包。由于类 Rect 和类 AccessLimit 都在默认包下，属于同包，因此，编译通过。

课堂练习 4.7

指出下面程序中的错误。

```
class Tom{
    private int x = 120;
```

```
    protected int y = 20;
    int z = 11;
    private void f(){
        x = 200;
        System.out.println(x);
    }
    void g(){
        x = 200;
        System.out.println(x);
    }
}
public class Test{
    public static void main(String args[]){
        Tom tom = new Tom();
        tom.x = 22;
        tom.y = 33;
        tom.z = 55;
        tom.f();
        tom.g();
    }
}
```

4.10.2 类的访问权限

类只有两种访问权限：一种是 public；另一种是 default。分别为：

```
public class 类名{ //公共的类
}
class 类名{ //默认的类
}
```

public 修饰的类的访问权限为所有，没有任何访问权限修饰符修饰(default)的类的访问权限为同包。

【例题 4.18】

```
//Rect.java
class Rect{
    public double width;
    public double height;
    public double getArea(){
        return width * height;
```

```
    }
}
//AccessLimit.java
class AccessLimit {
    public static void main(String args[]){
        Rect r = new Rect();
        r.width = 1.0;
        r.height = 1.0;
        System.out.println(r.getArea());
    }
}
```

Rect 和 AccessLimit 都在默认包下，属于同包，在 AccessLimit 类中可以访问 Rect 类。

再看下面的例题。

【例题 4.19】

```
//Rect.java
package p1;
class Rect{
    public double width;
    public double height;
    public double getArea(){
        return width * height;
    }
}
//AccessLimit.java
package p2;
import p1.Rect;
class AccessLimit {
    public static void main(String args[]){
        Rect r = new Rect();
        r.width = 1.0;
        r.height = 1.0;
        System.out.println(r.getArea());
    }
}
```

编译 AccessLimit.java 时提示错误：Rect 在 p1 中不是公共的，无法从外部程序包中对其进行访问。因为 p1 包中的 Rect 类是默认的访问权限，该访问范围为同包，只有在同一包中的类才可以访问该 Rect 类。而 AccessLimit 类在 p2 包中，与 Rect 并不在同包中，因此编译出错。

如果想使用不在同包中的 Rect 类，需要将 Rect 类的访问权限修改为 public。

4.11 基本数据类型的包装类

Java 是面向对象的程序设计语言，为了能将基本数据类型的数据视为对象来处理，在 java. lang 包中提供了基本数据类型 byte、int、short、long、float、double、char、boolean 对应的包装器类型 Byte、Int、Short、Long、Float、Double、Character、Boolean，每个包装器类型都提供了对应的 XXXValue()方法返回该对象含有的基本数据类型的值，其中 XXX 代表对应的基本数据类型。比如 Integer 对象调用 intValue()方法返回该对象含有的 int 型数据。

如果要生成一个数值为 10 的 Integer 对象，可以执行：

Integer object=new Integer(10)；

其他基本数据类型的包装类对象构造方法类似。

而从 JDK 1.5 开始提供了自动装箱的机制，如果要生成一个数值为 10 的 Integer 对象，只需要：

Integer object=10；

在这个过程中，会自动根据数值创建对应的 Integer 对象，即所谓的装箱，其等价于：

Integer object=Integer. valueOf(10)；

跟装箱对应，拆箱就是自动将包装器类型转换为基本数据类型：

int n=object；

在这个过程中，会由 object 对象调用 intValue()方法返回该对象含有的基本数据类型的值，其等价于：

int n=object. intValue()；

因此，装箱就是自动将基本数据类型转换为包装器类型，拆箱就是自动将包装器类型转换为基本数据类型。在具体实现过程中，装箱通过调用包装器类型的 valueOf()方法实现，而拆箱通过调用包装器对象的 XXXValue()方法实现。

【例题 4.20】

```
public class IntegerWrapperDemo{
    public static void main(String[] args) {
        Integer i1 = 100;
        Integer i2 = 100;
```

```
        Integer i3 = 200;
        Integer i4 = 200;
        System.out.println(i1 = = i2);
        System.out.println(i3 = = i4);
    }
}
```

编译、运行程序,结果如下。

```
c:\ch4>javac IntegerWrapperDemo.java
c:\ch4>java IntegerWrapperDemo
true
false
```

Integer i1=100;

等价于

Integer i1=Integer.valueOf(100);

在通过 valueOf()方法创建 Integer 对象的时候,如果数值在[-128,127]内,便返回指向缓存 IntegerCache.cache 中已经存在的对象的引用;否则创建一个新的 Integer 对象。i1 和 i2 的数值为 100,因此会直接从缓存 IntegerCache.cache 中取已经存在的对象,所以 i1 和 i2 指向的是同一个对象,而 i3 和 i4 则是分别指向堆内存中新创建的不同对象。

Float、Double 包装器类型与 Integer 包装器类型不同,其装箱过程都是在堆中新建对象,不存在缓存 cache。

课堂练习 4.8

写出下面程序的运行结果。

```
public class Test {
    public static void main(String[] args) {
        Double i1 = 100.0;
        Double i2 = 100.0;
        Double i3 = 200.0;
        Double i4 = 200.0;
        System.out.println(i1 = = i2);
        System.out.println(i3 = = i4);
    }
}
```

习 题 4

1. 指出下面程序的执行结果。

```
class B{
    int x = 100,y = 200;
    public void setX(int x){
        x = x;
    }
    public void setY(int y){
        this.y = y;
    }
    public int getXYSum(){
        return x + y;
    }
}
public class Test{
    public static void main(String args[]){
        B b = new B()
        b.setX( - 100);
        b.setY( - 200);
        System.out.println(b.getXYSum());
    }
}
```

2. 按照下面的要求编写程序。

(1)定义一个学生类，要求：

具有成员变量学号(String)、姓名(String)、年龄(int)，其中年龄默认值为 20；

具有两个重载的构造方法，参数分别为(学号，姓名)和(学号，姓名，年龄)，要求使用 this 关键字赋初值。

(2) 再定义一个测试类，利用构造方法赋初值，并输出学生的学号、姓名、年龄属性值。

3. 设计一个三角形类 Triangle，其中，

(1)成员变量为 a，b，c(分别表示三边)。

(2)两个重载的构造方法如下。

(a) 不带参数：默认 a=b=c=1；

(b) 带 3 个参数：分别给三边赋值。

(3)成员方法如下。

getPerimeter():获得周长。

getArea():获得面积。

提示:$S=\sqrt{p(p-a)(p-b)(p-c)}$(其中 $p=(a+b+c)/2$)。

再设计一个 TriangleTest 类,提供 main 方法,输出某个三角形的周长和面积。

4. 设计一个复数类 FuShu,其中,

(1)成员变量:实部 real、虚部 image;

(2)构造方法:赋初值;

(3)成员方法:加法运算 FuShu add(FuShu s1);

(4)成员方法:打印输出复数。

再设计一个 Test 类,提供 main 方法,输出两个复数相加的结果。

5. 构造一个类来描述屏幕上的一个点,该类的构成包括点的 x 和 y 两个坐标,以及一些对点进行的操作,包括:取得点的坐标值,对点的坐标进行赋值,改变坐标值等操作,编写应用程序生成该类的对象并对其进行操作。

6. 构造一个分数类 Fraction,执行分数运算。要求:

(1)用整型数表示类的 private 成员变量 x 和 y;

(2)提供构造方法,将分子存入 x,分母存入 y;

(3)提供两个分数相加、相减、相乘、相除的运算方法;

(4)以 a/b 的形式以及浮点数的形式打印 Fraction 数(可以不考虑约简);

(5)编写测试程序运行分数运算。

第5章　子类与继承

5.1　子类的定义

面向对象的继承性表明了类与类之间的关系。例如，狮子拥有动物的一切基本特性，但同时又拥有自己独特的特性，这就是“继承”关系的重要性质。我们称狮子从动物继承而来，动物是父类，狮子是子类。

创建子类的方法为：

```
class SubClass extends SuperClass {
}
```

其中，SubClass 为子类名，SuperClass 为父类名，extends 是表示继承关系的关键字。

通常用图 5-1 来表示这种继承关系。

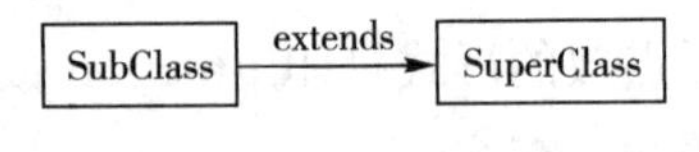

图 5-1　子类继承关系图

```
class Animal{
    动物的基本属性和方法;
}
class Lion extends Animal
{
    狮子特有的属性和方法;
}
```

子类 Lion 除了具有从父类 Animal 继承来的属性和方法之外，还拥有在子类 Lion 类体内定义的狮子特有的属性和方法。

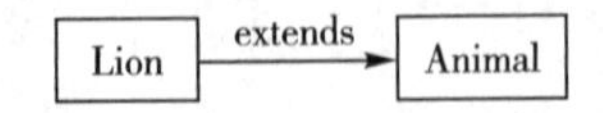

图 5-2　Lion 继承 Animal 关系图

Animal 类和 Lion 类所具有的属性和方法如图 5-3 所示。

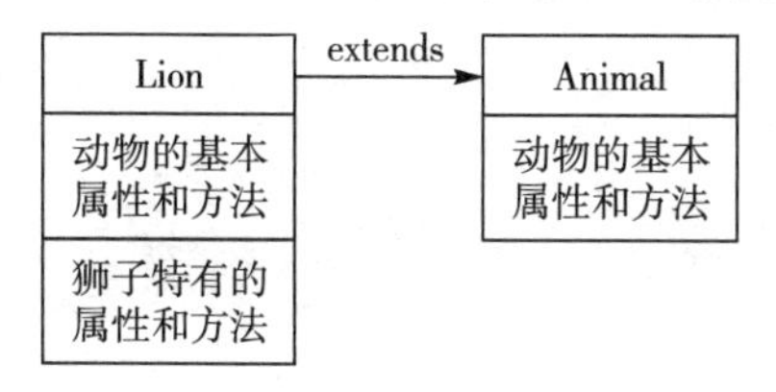

图 5-3　Lion 继承 Animal 关系图

如果在类的定义中未指明其父类，即没有 extends 子句，缺省从 java. lang. Oject 类继承而来。即：

```
class Animal{
}
```

等价于

```
class Animal extends java. lang. Object{
}
```

java. lang. Object 类称为对象类，它处于 Java 开发环境的类层次树的根部，其他所有类都直接或间接为它的子类。该类定义了一些所有对象最基本的属性和行为，例如：

①equals()判断两个对象引用是否相同。

②getClass()返回一个对象在运行时所对应的类的表示，从而得到相应的信息。

③toString()返回对象的字符串表示。

5.2　子类的继承性

```
class SubClass extends SuperClass {
}
```

子类 extends 父类，表明子类 SubClass 从父类 SuperClass 继承而来，会继承父类中的成员，但注意，由于访问权限修饰符的存在，子类并不能继承父类的所有成员，子类对父类成员的继承性会根据父类成员的访问权限有所不同。

①如果子类和父类在同一个包内，则子类可以继承父类中访问权限设定为 public、protected、default 的成员变量和方法。

②如果子类和父类不在同一个包内，则子类可以继承父类中访问权限设定为 public、protected 的成员变量和方法。

【例题 5.1】

```
class A{
    private int x;
```

```
        void setX(int x){
            this.x = x;
        }
        int getX(){
            return x;
        }
    }
    class B extends A{
        double y = 12;
        void setY(int y){
            this.y = y + x; //编译错
        }
        double getY(){
            return y;
        }
    }
```

其中 x 为类 B 的父类 A 的私有成员，私有成员是不能被继承的，只能在类 A 中使用。

子类的对象只能引用从父类继承而来的成员，以及自己特有的成员，如图 5-4 所示。

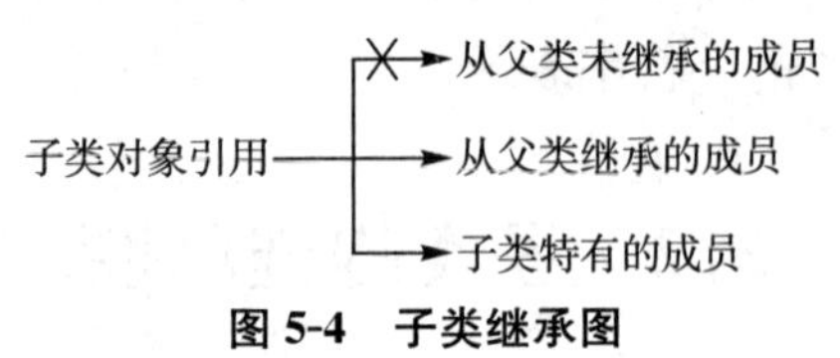

图 5-4　子类继承图

课堂练习 5.1

指出下面程序中的错误，并说明原因。

```
    class A{
        private int x;
        int y;
        protected int z;
    }
    class B extends A{
        void f(){
            x = 1;
        }
        void g(){
```

```
        y = 1;
    }
    void h(){
        z = 1;
    }
}
```

课堂练习 5.2

指出下面程序中的错误,并说明原因。

```
//A.java
package p1;
class A{
    private int x;
    int y;
    protected int z;
}
//B.java
package p2;
class B extends A{
    void f(){
        x = 1;
    }
    void g(){
        y = 1;
    }
    void h(){
        z = 1;
    }
}
```

Java 不支持多重继承,如在C++中,存在如图 5-5 所示类似的继承关系。

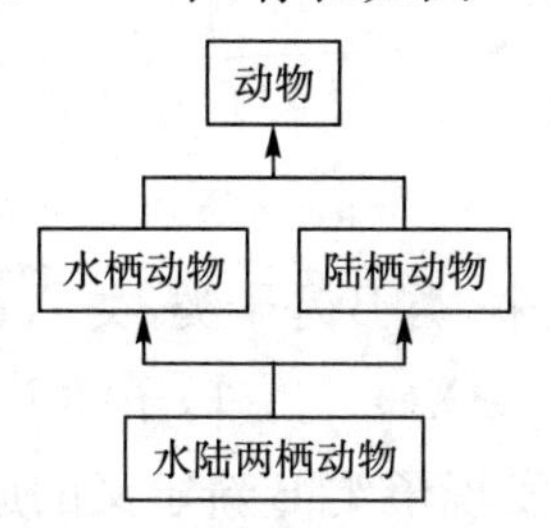

图 5-5　多重继承关系图

水栖动物从动物继承而来，陆栖动物也从动物继承而来，这样它们都会继承动物的属性和方法，水陆两栖动物又同时从水栖动物和陆栖动物继承而来，在水陆两栖动物类里面就会存在两份从动物继承而来的属性和方法，在引用从动物类继承而来的属性时，存在歧义，无法判断到底是沿着水栖动物这边继承而来的，还是沿着陆栖动物这边继承而来的。在C++中，通过定义虚函数的方法，只保留一个副本。而在Java中不允许多重继承的存在，即不允许一个类同时继承于多于两个类，应避免类似的冲突发生。

注意：

①继承关系的语法为：

```
class subClass extends superClass{
}
```

②Java的继承根据访问权限的不同是有限制的，同包中的类可以继承父类的default、protected、public修饰的成员；不同包的类中只能继承父类的protected、public修饰的成员。

③Java不支持多重继承，子类不能同时有多个父类。

④Java支持多层继承。

5.3 成员变量的隐藏与方法重写

【例题5.2】

```
class A{
    int x;
    void setX(int x){
        …
    }
}
class B extends A{
    int x;
    void setX(int x){
        …
    }
}
```

上例中类B从类A继承而来，类B是子类，类A是父类。子类B一定继承了父类A的成员变量x和成员方法setX()。另外，子类B又新定义了自己的成员变量x和成员方法setX()。但是我们发现子类B新定义的成员变量与从父类A继承而来的成员变量都是x，发生了重名的情况。这时候，在子类B中，从父类继承而来的成员变量 x 被隐藏。另外，我们也发现类 B 新定义的成员方法 setX()与从父类 A 继承而来的成员方法，无论是方法名、参数，还是返回类型，都完全相同。这时候，在子类 B 中从父类继承而来的成员方法 setX()被隐藏，称为“方法被重写”。

【例题 5.3】

```
class A{
    float computer(float x,float y){
        return x + y;
    }
    public int g(int x,int y){
        return x + y;
    }
}
class B extends A{
    float computer(float x,float y){
        return x * y;
    }
}
public class Inherit{
    public static void main(String args[]){
        B b = new B();
        System.out.println(b.computer(8,9));
        System.out.println(b.g(12,8));
    }
}
```

分析以上程序，得出如图 5-6 所示的结构图。

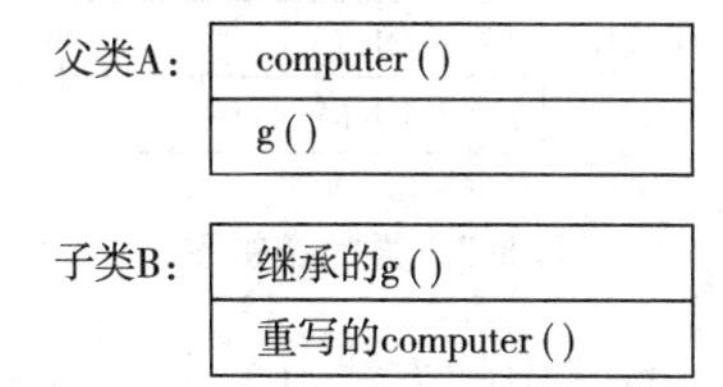

图 5-6 类的结构图

编译、运行程序，结果如下。

```
c:\ch5>javac Inherit.java
c:\ch5>java Inherit
72.0
20
```

在“b. computer(8,9);”中，由于b是子类B的对象，它调用的computer()方法为重写的方法，继承来的computer()方法被隐藏。

在“b. g(12,8);”中，由于b是子类B的对象，从父类继承了公有的g()方法，因此调用从父类继承来的g()方法。

注意：重写的方法必须与父类中的方法名字相同、参数个数和类型相同，返回类型相同，或是父类同名方法的返回类型的子类。

【例题 5.4】

```
class A{
    A g(){
        return new A();
    }
    A f(){
        return new A();
    }
}
class B extends A{
    B f(){
        return new B();
    }
}
```

分析以上程序，得出如图 5-7 所示的结构图。

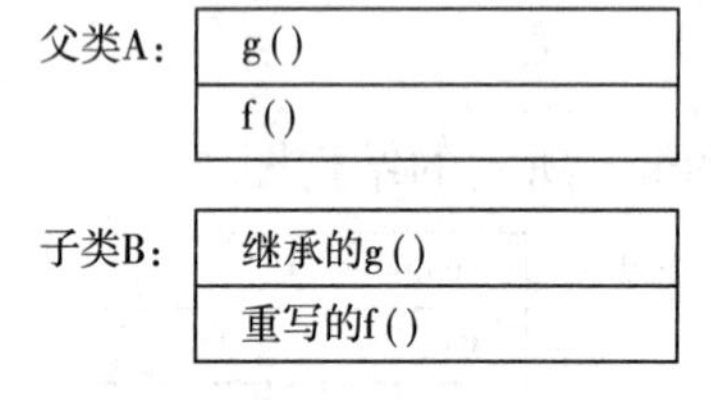

图 5-7 类的结构图

父类A中的方法f()与子类B中的方法f()，方法名相同，参数相同，只有返回类型不同，但是B类中的方法f()的返回类型是A类中的方法f()的返回类型的子类。子类B中的方法f()为重写的方法。

如果有如下语句：

B b=new B();

b. f(); //调用在子类B中重写的方法

b. g(); //调用从父类A继承而来的方法

【例题 5.5】

```
class A{
    double f(double x,double y){
        return x + y;
    }
}
class B extends A{
    double f(int x,int y){
        return x * y;
    }
}
public class MethodOverloading{
    public static void main(String args[]){
        B b = new B();
        System.out.println(b.f(3,5));
        System.out.println(b.f(3.0,5.0));
    }
}
```

分析以上程序,得出如图 5-8 所示的类的结构图。

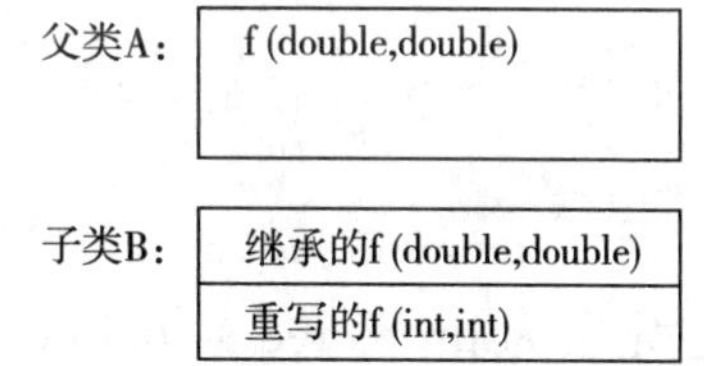

图 5-8　类的结构图

注意到,子类 B 从父类继承了 f(double, double)方法,同时新定义了同名的 f(int,int)方法,但是这两个 f()方法的参数类型不同,不构成方法重写。于是,子类 B 既继承了父类的 f(double,double)方法,又有自己新定义的 f(int,int)方法,而且这两个 f()方法构成重载的方法,因为其名称相同,所以参数类型不同,且返回类型相同。

System. out. println(b. f(3,5));//调用子类 B 新定义的 f()方法

System. out. println(b. f(3. 0,5. 0));//调用子类 B 从父类继承而来的 f()方法

编译、运行程序,结果如下。

```
c:\ch5>javac MethodOverloading. java
c:\ch5>java MethodOverloading
15. 0
8. 0
```

另外注意，方法重写时，不可以降低方法的访问权限。如：

```
class A{
    protected float f(float x,float y){
        return x - y;
    }
}
class B extends A{
    float f(float x,float y){
        return x + y;
    }
}
```

父类A的f()方法是protected，访问范围为同类、同包、子类。与子类B重写的从父类A继承而来的f()方法，方法名相同、参数相同、返回类型相同。但是后者没有访问权限修饰符，即为default，访问范围为同类、同包。子类重写的方法降低了访问权限，编译提示错误。

```
c:\ch5\A.java:7:错误: B中的f(float,float)无法覆盖A中的f(float,float)
float f(float x,float y){
      ^
正在尝试分配更低的访问权限; 以前为protected
1个错误
```

可以将子类B的f()方法定义为protected或public。

注意：

①方法重写与方法重载的区别。

方法重写：子类方法与父类方法同名，且参数个数类型一致，返回类型相同或是子类；

方法重载：方法名相同，参数个数或类型不同，返回类型相同。

方法重写一定是在继承过程中发生的；而方法重载出现在同一类中，相似的方法进行重载。

②子类重写的方法不能降低访问权限。

5.4 super关键字

当子类新定义的成员变量与从父类继承而来的成员变量同名时，继承而来的成员变量被隐藏，子类不能直接使用这些被隐藏的变量，如果想使用，则需要使用super

关键字；当子类新定义的成员方法与从父类继承而来的成员方法同名、同参数，且返回类型相同或是子类时，继承而来的成员方法被隐藏，如果想使用，则需要使用 super 关键字。

因此，当子类从父类继承而来的成员被隐藏时，可以由 super 负责调用从父类继承而来的成员。

①访问从父类继承而来却被隐藏的成员变量，如：

super. variable

②调用从父类继承而来却被重写的成员方法，如：

super. Method([paramlist])

③调用父类的构造函数，如：

super([paramlist])

课堂练习 5.3

指出下面程序的运行结果。

```
class A{
    double f(double x,double y){
        return x + y;
    }
    static int g(int n){
        return n * n;
    }
}
class B extends A{
    double f(double x,double y){
        double m = super.f(x,y);
        return m + x * y;
    }
    static int g(int n){
        int m = A.g(n);
        return m + n;
    }
}
public class MethodOverride {
    public static void main(String args[]){
        B b = new B();
        System.out.println(b.f(10.0,8.0));
```

```
        System.out.println(b.g(3));
    }
}
```

构造方法也是类的成员方法，但是它在继承方面具有特殊性，即子类不继承父类的构造方法。当创建一个子类对象时，总是先调用父类的构造方法，再调用子类的构造方法。在子类的构造方法中，可以显式调用父类的构造方法，也可以不显式调用。当在子类构造方法中显式调用父类构造方法时，super 语句必须是子类构造方法中的第一条语句；当在子类构造方法中不显式调用父类构造方法，而默认调用父类中不带参数的那个构造方法时，父类必须提供这种不带参数的构造方法。

【例题 5.6】

```
//ChildDemo.java
class Grandparent {
    public Grandparent() {
        System.out.println("GrandParent Created");
    }
}
class Parent extends Grandparent {
    public Parent() {
        System.out.println("Parent Created");
        }
}
class Child extends Parent {
    public Child() {
        System.out.println("Child Created");
    }
}
class ChildDemo{
    public static void main(String args[]){
        Child c = new Child();
    }
}
```

编译、运行程序，结果如下。

```
c:\ch5>javac ChildDemo.java
c:\ch5>java ChildDemo
GrandParent Created
Parent Created
Child Created
```

在创建子类 Child 的对象 c 时需要先调用父类的构造方法，再调用子类的构造方法，而子类的构造方法中并没有显式地去调用父类的构造方法，这时候默认调用其父类不带参数的构造方法。这样逐级向上调用。

【例题 5.7】

```
class Card{
    String title;
    Card(){
        title="新年快乐!";
    }
    Card(String title){
        this.title=title;
    }
    public String getTitle(){
        return title;
    }
}
class ChristmasCard extends Card{
    String content;
    ChristmasCard(String title,String content) {
        super(title);
        this.content=content;
    }
    public void showCard(){
        System.out.println("******"+getTitle()+"******");
        System.out.printf("%s",content);
        }
}
public class InheritConstructorDemo{
    public static void main(String args[]){
        String title="圣诞快乐";
        String content="恭喜发财";
        ChristmasCard card=new ChristmasCard(title,content);
        card.showCard();
    }
}
```

编译、运行程序，结果如下。

```
c:\ch5>javac InheritConstructorDemo.java
c:\ch5>java InheritConstructorDemo
****** 圣诞快乐 ******
    恭喜发财
```

如果将上题中的“super(title);”去掉，则程序运行结果为：

```
****** 新年快乐 ******
恭喜发财
```

原因：如果在 ChristmasCard 的构造方法中没有显式地调用“super(title);”语句，则在创建子类 ChristmasCard 对象时，需要先调用父类的不带参数的构造方法，将 title 设置为“新年快乐”。

课堂练习 5.4

分别写出下面程序有 super 语句和没有 super 语句时的运行结果。

```
class A{
    protected int x,y;
    public A(){
        x=0;
        y=0;
    }
    public A(int a,int b){
        x=a;
        y=b;
    }
}
class B extends A{
    public B(){
        super(1,2);
    }
    public void print(){
        System.out.println(x+","+y);
    }
}
public class Test{
```

```
    public static void main(String args[]){
        B b = new B();
        b.print();
    }
}
```

5.5 面向对象的多态性与方法重写

多态性分为静态多态性和动态多态性，分别表现为方法重载和方法重写。

(1)方法重载

方法名相同，根据参数个数或类型不同，在编译阶段决定执行不同的方法。

(2)方法重写

方法名相同，参数相同，在运行阶段决定执行不同的方法。

动态多态性得以实现的一个前提条件为：将子类创建的对象实体的引用赋值给声明为父类的对象。

例如：类 A 为父类，类 B 为子类。

A a=new B()；

new B()为子类的对象，将其引用赋值给父类的对象 a，此时，称 a 是 new B()的上转型对象。

上转型对象具有特殊性，因为它不是一个纯粹的父类对象，也不是一个纯粹的子类对象，而是声明的一个父类对象，其实体又是子类负责创建的。

比如，我们经常说“美国人是人”、“中国人是人”和“法国人是人”等，这是在有意强调人的属性和功能，忽略美国人或中国人独有的属性和功能，如忽略中国人的黄色皮肤的属性和 speakChinese()功能。从人的思维方式上看，这属于上溯思维方式，上转型对象与此类似。

【例题 5.8】

```
class A{
    void f(){
        System.out.println("A.f()");
    }
    void p(){
        System.out.println("A.p()");
    }
}
class B extends A{
```

```
    void f(){
        System.out.println("B.f()");
    }
    void g(){
        System.out.println("B.g()");
    }
}
class UpTransFunctionDemo{
    public static void main(String args[]){
        A a = new A();
        a.f();
        a.p();
        //a.g();
        B b = new B();
        b.f();
        b.p();
        b.g();
        a = new B();
        a.f();
        a.p();
        //a.g();
    }
}
```

①首先分析 main 方法中的这部分代码：

```
A a=new A();
a.f();
a.p();
//a.g();
```

这里创建的 a 对象是一个纯粹的 A 类对象，它只能调用 A 类提供的方法，并输出：

```
A.f()
A.p()
```

由于 g()并不是 A 类的方法，因此不可调用。

②再分析一下这部分代码：

```
B b=new B();
b.f();
```

b. p()；

b. g()；

这里创建的 b 对象是一个纯粹的 B 类对象，B extends A，B 类对象 b 首先从 A 类继承了 A. f()和 A. p()，然后又新增了 B. f()和 B. g()。由于 B. f()与从父类继承来的 A. f()同名、同参数、同返回类型，因此为方法重写，A. f()被隐藏。因此输出：

B. f()

A. p()

B. g()

③再分析一下这部分代码：

a=new B()；

a. f()；

a. p()；

//a. g()；

这里将子类对象的引用放入父类对象中去了，因此 a 为 B 类的上转型对象。上转型对象本身被声明为父类，因此它只能调用父类所提供的方法，g()方法并不是父类提供的，因此无法调用。而且上转型对象在操作被子类重写的方法时，就如同子类对象在调用一样。因此输出：

B. f()

A. p()

通过以上分析可以看出，上转型对象在引用成员变量或调用成员方法时，类似纯粹的父类对象，所不同的是，如果某个成员方法被子类重写，则上转型对象在调用该成员方法时等价于子类调用重写的成员方法。

【例题 5.9】

```
class A{
    void callme(){
        System.out.println("A");
    }
}
class B extends A{
    void callme(){
        System.out.println("B");
    }
}
class C extends A{
    void callme(){
```

```
            System.out.println("C");
        }
    }
    class Transformation{
        public static void main(String args[]){
            A a = new A();
            a.callme();
            a = new B();
            a.callme();
            a = new C();
            a.callme();
        }
    }
```

编译、运行程序，结果如下。

```
c:\ch5>javac Transformation.java
c:\ch5>java Transformation
A
B
C
```

在例中，声明了A类型的变量a，然后用"new A();"建立A的一个实例，并把对该实例的一个引用存储到a中，Java虚拟机分析该引用是类型A的一个实例，因此调用A的callme方法。

接着，用"new B();"建立B的一个实例，并把对该实例的一个引用也存储到a中，这时候a就成为子类B的上转型对象，它除了可以操作父类A的成员变量和成员方法外，如果某成员方法被子类B重写，在调用该方法时，等价于子类B在实施调用。Java虚拟机分析a引用的是类型B的一个实例，因此调用B重写的callme方法。

最后，用"new C();"建立C的一个实例，并把对该实例的一个引用也存储到a中，这时候a也成为子类C的上转型对象，它除了可以操作父类A的成员变量和成员方法外，如果某成员方法被子类C重写，在调用该方法时，等价于子类C在实施调用。Java虚拟机分析该a引用的是类型C的一个实例，因此调用C重写的callme方法。

上例中的

```
A a=new A();
a.callme();
a=new B();
```

a. callme()；

a=new C()；

a. callme()；

正体现了面向对象的多态性，同样是 a 调用 callme()方法，都不带参数，但是实际执行的语句却不同，也就是说相同的对象执行相同的任务，但做的事情不完全相同。

当一个类有很多子类，并且这些子类都重写了父类中的某个成员方法时，如果将子类创建的对象的引用放到一个父类的对象中，就得到了该对象的一个上转型对象，那么，这个上转型对象在调用这个实例方法时就可能具有多种形态，因为不同的子类在重写父类的实例方法时可能产生不同的行为。对于重写的方法，Java 虚拟机根据调用该方法的实例的类型来决定选择哪个方法调用。

【例题 5.10】

```
class EspecialCar{
    void cautionSound(){
    }
}
class PoliceCar extends EspecialCar{
    void cautionSound(){
        System.out.println("111");
    }
}
class AmbulanceCar extends EspecialCar{
    void cautionSound(){
        System.out.println("222");
    }
}
class FireCar extends EspecialCar{
    void cautionSound(){
        System.out.println("333");
    }
}
public class TransformDemo{
    public static void main(String args[]){
        EspecialCar car = new PoliceCar();
        car.cautionSound();
        car = new AmbulanceCar();
```

```
            car.cautionSound();
            car = new FireCar();
            car.cautionSound();
        }
    }
```

编译、运行程序，结果如下。

```
c:\ch5>javac TransformDemo.java
c:\ch5>java TransformDemo
111
222
333
```

注意：

①多态性体现在方法重载和方法重写上。

②把子类对象引用赋值给父类对象，此父类对象称为子类的上转型对象。

③子类的上转型对象可以引用父类的变量和调用父类的方法，如果某方法在子类中重写，上转型对象在调用这些方法时就等价于子类在调用。

5.6 final 关键字

final 关键字可以修饰类、成员变量和方法中的局部变量。

①final 修饰变量，变量就变成了常量，常量需要设初值，且以后不可以再变化。

②final 修饰方法，方法就不能再重写。

③final 修饰类，类就不能被继承，即不能再有子类。

例如，Java 中的 String 类，对编译器和解释器的正常运行有很重要的作用，不能轻易改变它，因此该类为 final 类，即不能被继承，从而保证 String 类型的唯一性。

5.7 abstract 关键字

用 abstract 关键字可以修饰类或修饰方法。

①用 abstract 修饰类，类成为抽象类。如：

```
abstract class 类名{
    成员变量；
    成员方法；//可以是抽象的或非抽象的
}
```

不能实例化一个抽象类,即不能用关键字 new 生成抽象类的实例。

②用 abstract 修饰方法,方法成为抽象方法。如:

abstract 返回类型 方法名(参数列表);

抽象方法只需声明,无须实现。

注意:

①抽象类中可以包含抽象方法,为所有子类定义一个统一的接口,但并非必须如此。

②一旦某个类中包含抽象方法,则这个类必须声明为抽象类。

③如果子类继承抽象类,则既可以重写父类中的抽象方法,也可以继承抽象方法,此时子类也是抽象的。

【例题 5.11】

```
abstract class A{
    abstract void callme( );
    void metoo( ){
        System.out.println("Inside A's metoo( ) method");
    }
}
class B extends A{
    void callme( ){
        System.out.println("Inside B's callme( ) method");
    }
}
class AbstractDemo{
    public static void main(String args[]){
        A a = new B( );
        a.callme( );
        a.metoo( );
    }
}
```

编译、运行程序,结果如下。

```
c:\ch5>javac AbstractDemo.java
c:\ch5>java AbstractDemo
Inside B's callme( ) method
Inside A's metoo( ) method
```

课堂练习 5.5

写出下面程序的运行结果。

```
abstract class A {
    abstract int sum(int x,int y);
    int sub(int x,int y) {
        return x - y;
        }
}
class B extends A {
    int sum(int x,int y) {
        return x + y;
        }
}
public class Test{
    public static void main(String args[]) {
        B b = new B();
        int sum = b.sum(30,20);
        int sub = b.sub(30,20);
        System.out.println("sum = " + sum);
        System.out.println("sum = " + sub);
    }
}
```

5.8 面向抽象编程

在设计程序时，经常会使用 abstract 类，其原因是，abstract 类只关心操作，不关心操作的具体实现细节，可以使程序设计者把精力集中在程序的设计上，而不必拘泥于细节的实现，可以将这些细节留给子类的设计者，即避免设计者把大量的时间和精力花费在具体的算法上。例如，在设计地图时，首先考虑地图最重要的轮廓，不必去考虑诸如城市中的街道牌号等细节。在设计一个程序时，可以通过在 abstract 类中声明若干个 abstract 方法表明这些方法在整个系统设计中的重要性，方法体的内容细节由它的非 abstract 子类去完成。

所谓面向抽象编程，是指在设计一个类时，不让该类面向具体的类，而是面向抽象类。面向抽象编程的核心思想是：将 abstract 类声明的对象作为其子类的上转型对象，利用它调用子类重写的方法。

以下以例题来说明面向抽象编程的思想。

【例题 5.12】

假设,我们已经有了一个 Circle 类,该类创建的对象 circle 调用 getArea()方法可以计算圆的面积,Circle 类的代码如下。

```
class Circle{
    double radius; //圆的半径
    double getArea() {
        return 3.14 * radius * radius;
    }
}
```

现在要设计一个 Pillar 类(柱类),该类的对象调用 getVolume()方法可以计算柱体的体积。Pillar 类的代码如下。

```
class Pillar{
    Circle bottom;
    double height;
    public double getVolume(){
        return bottom.getArea() * height;
    }
}
```

可是,我们发现上述 Pillar 类只能计算圆柱的体积。其实柱体的底不一定都是圆形的,还会有矩形的或三角形的。

我们注意到柱体计算体积的关键是计算出底面积,一个柱体在计算体积时并不关心它的底是什么形状的具体图形,而只关心这种图形是否具有计算面积的方法。因此,在设计 Pillar 类时不应当让它的底是某个具体类声明的对象,一旦这样做,Pillar 类就依赖于该具体类,缺乏弹性,难以应付需求的变化。

下面将面向抽象重新设计 Pillar 类。首先编写一个抽象类 Geometry,该抽象类中定义了一个抽象方法 getArea(),Geometry 类的定义为:

```
abstract class Geometry{
    abstract double getArea();
}
```

现在 Pillar 类的设计者可以面向 Geometry 类编写代码,即 Pillar 类应当把 Geometry 对象作为自己的成员,该成员可以调用 Geometry 的子类重写的 getArea()方法。这样一来,Pillar 类就可以将计算底面积的任务指派给 Geometry 类的子类的实例。

以下 Pillar 类的设计不再依赖于具体类,而是面向 Geometry 类,即 Pillar 类中的 bottom 是用抽象类 Geometry 声明的对象,而不是具体类声明的对象。重新设计的

Pillar 类的代码如下。

```
class Pillar{
    Geometry bottom;
    double height;
    Pillar(Geometry bottom,double height){
        this.bottom = bottom;
        this.height = height;
    }
    public double getVolume(){
        return bottom.getArea() * height;
    }
}
```

下面 Circle 和 Rectangle 类都是 Geometry 的子类，二者必须重写 Geometry 类的 getArea()方法来计算各自的面积。

```
class Circle extends Geometry{
    double radius; //圆的半径
    Circle(double radius){
        this.radius = radius;
    }
    double getArea(){
        return 3.14 * radius * radius;
    }
}
class Rectangle extends Geometry{
    double a,b;
    Rectangle(double a,double b){
        this.a = a;
        this.b = b;
    }
    double getArea(){
        return a * b;
}
}
```

现在，我们可以用 Pillar 类创建出具有矩形底或圆形底的柱体了。

```
public class Application{
    public static void main(String args[]){
        Pillar pillar;
```

```
        Geometry bottom;
        bottom = new Rectangle(1,2);
        pillar = new Pillar(bottom,8);
        System.out.println("矩形底的柱体的体积" + pillar.getVolume());
        bottom = new Circle(1);
        pillar = new Pillar(bottom,8);
        System.out.println("圆形底的柱体的体积" + pillar.getVolume());
    }
}
```

通过面向抽象来设计 Pillar 类，使得该 Pillar 类不再依赖于具体类，因此每当系统增加新的 Geometry 子类时，如增加一个 Triangle 子类，就不需要修改 Pillar 类的任何代码，也可以使用 Pillar 创建出具有三角形底的柱体。

如：

```
class Triangle extends Geometry{
    double a,b,c;
    Triangle(double a,double b,double c){
        this.a = a;
        this.b = b;
        this.c = c;
    }
    double getArea(){
        double p = (a + b + c)/2;
        return Math.sqrt(p * (p - a) * (p - b) * (p - c));
    }
}
public class Application{
    public static void main(String args[]){
        Pillar pillar;
        Geometry bottom;
        bottom = new Rectangle(1,2);
        pillar = new Pillar(bottom,8);
        System.out.println("矩形底的柱体的体积" + pillar.getVolume());
        bottom = new Circle(1);
        pillar = new Pillar(bottom,8);
        System.out.println("圆形底的柱体的体积" + pillar.getVolume());
        bottom = new Triangle(3,2,4);
        pillar = new Pillar(bottom,8);
```

```
        System.out.println("三角形底的柱体的体积" + pillar.getVolume());
    }
}
```

面向抽象编程应满足"开一闭"原则，让设计的系统对扩展开放，对修改关闭。当系统中增加新的模块时，不需要修改现有的模块。在设计系统时，应该将不变的部分设计为核心的，而将随用户需求而变化的部分设计为扩展开放的。如果系统的设计遵循了"开一闭"原则，那么这个系统一定是易于维护的。因为在系统中增加新的模块时，不必去修改系统中的核心模块。

上例中的 Geometry 和 Pillar 类都是系统中对修改关闭的核心部分，而 Geometry 的子类 Circle 和 Rectangle 都是对扩展开放的部分。当向系统再增加 Geometry 子类 Triangle 时，不必修改 Pillar 类，就可以使用 Pillar 类创建出具有 Geometry 的新子类指定的底的柱体。

当设计某些系统时，经常需要面向抽象来考虑系统的总体设计，不要考虑具体类，这样就容易设计出满足"开一闭"原则的系统。在系统设计好后，首先对 abstract 类的修改关闭，否则，一旦修改 abstract 类，将可能导致它的所有子类都需要作出修改；应该对增加 abstract 类的子类开放，即再增加新子类时，不需要修改其他面向抽象类而设计的重要类。

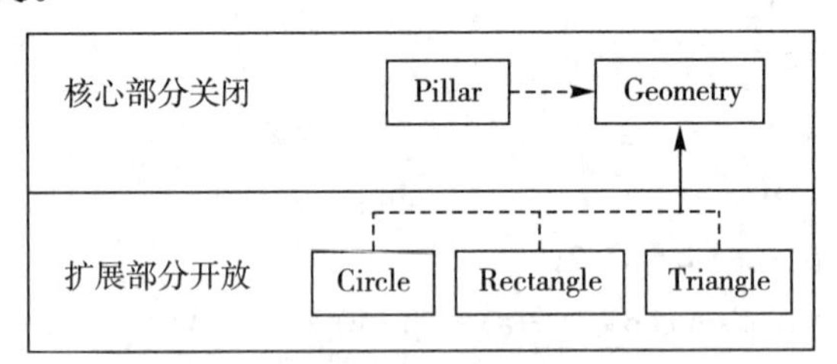

图 5-9 满足"开一闭"原则的框架

【例题 5.13】

下面再看一个例子，设计一个动物声音模拟器，可以模拟许多动物的叫声。首先设计一个抽象类 Animal，提供 getAnimaleName()和 cry()方法，该类的子类都应该实现这两个方法；然后设计一个模拟器类 Simulator，提供 playSound(Animal animal)方法，该方法的参数是 Animal 类型。显然，参数 animal 是抽象类 Animal 的任何一个子类对象的上转型对象，即参数 animal 可以调用子类重写的 getAnimalName()方法显示具体动物的名称，调用子类重写的 cry()方法播放具体动物的声音。

```
abstract class Animal{
    public abstract String getAnimalName();
    public abstract void cry();
}
class Simulator {
```

```
    public void playSound(Animal animal) {
        System.out.print("现在播放" + animal.getAnimalName() + "类的声音:");
        animal.cry();
        }
}
class Dog extends Animal {
    public String getAnimalName() {
        return "狗";
}
public void cry() {
        System.out.println("汪汪…汪汪");
    }
}
class Cat extends Animal {
    public String getAnimalName() {
        return "猫";
    }
    public void cry() {
        System.out.println("喵喵…喵喵");
    }
}
class AnimalApplication {
    public static void main(String args[]) {
        Simulator simulator = new Simulator();
        simulator.playSound(new Dog());
        simulator.playSound(new Cat());
    }
}
```

当执行“simulator.playSound(new Dog());”时,实参 new Dog()传递给形参 animal,即“Animal animal=new Dog();”,此时 animal 为上转型对象,在方法体中 animal 调用 getAnimalName()和 cry(),等价于子类对象 new Dog()调用 getAnimalName()和 cry()。

上例中如果再增加一个 Tiger 类,

```
class Tiger extends Animal{
    public void cry(){
        System.out.println("吼…吼吼");
    }
```

```
    public String getAnimalName(){
        return "老虎";
    }
}
```

则模拟器Simulator类不需要作任何修改，应用程序AnimalApplication就能使用代码：

simulator. playSound(newTiger())；

模拟老虎的声音。

系统的设计符合“开一闭”原则，扩展性好。

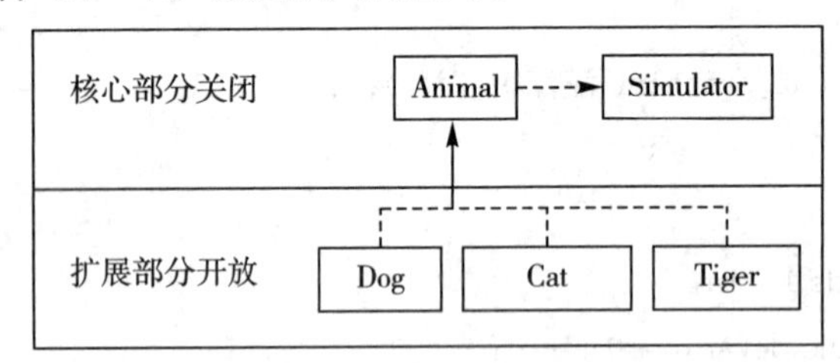

图5-10 满足“开一闭”原则的框架

课堂练习5.6

按下列步骤完成程序。

①设计一个抽象类People，具有抽象方法String say()；

②设计子类ChinaPeople和AmericaPeople，实现抽象方法String say()；

③设计一个Speak类，提供speaking(People p)方法，以上转型对象作为参数，输出说话的内容；

④设计一个测试类Test，提供main()方法，测试；

⑤再增加一个子类AfricaPeople，实现抽象方法String say()；

⑥添加到测试类中。

5.9 接　口

5.9.1 接口的定义

接口是公有的常量值和公有的抽象方法定义的集合。接口的语法格式如下。

```
interface 接口名{
    public 常量;
    public 抽象方法;
}
```

【例题 5.14】

```
interface Printable{
    public final int MAX = 100;
    public abstract void add();
    public abstract float sum(float x,float y);
}
```

其中,public、final、abstract 关键字可省略如下。

```
interface Printable{
    int MAX = 100;
    void add();
    float sum(float x,float y);
}
```

接口跟类一样,也有两种访问权限,一种是 default,只能被同包中的类实现;一种是 public,可以被不同包中的类实现。

5.9.2 接口的使用

接口由类实现,并使用接口中的成员方法。类使用关键字 implements 声明自己实现一个或多个接口。如果实现多个接口,则用逗号隔开接口名。

class 类名 implements 接口

class 类名 implements 接口 1,接口 2

若一个类实现某个接口,则必须重写接口中的所有方法。

注意:在实现接口的成员方法时,必须声明为 public,因为接口中的成员方法都是 public 的访问权限,实现接口中方法不能降低访问权限。

【例题 5.15】

```
interface Computable{
    int MAX = 100;
    int compute(int x);
}
class A implements Computable{ //类 A 实现 Computable 接口
    int number;
    public int compute(int x){ //public
        int sum = 0;
        for(int i = 1;i< = x;i + + ) {
            sum = sum + i;
        }
        return sum;
    }
```

```
}
class B implements Computable{ //类B实现Computable接口
    int number;
    public int compute(int x){
        return 46 + x;
    }
}
class InterfaceDemo{
    public static void main(String args[]){
        A a = new A();
        B b = new B();
        a.number = 1 + Computable.MAX;
        b.number = 2 + Computable.MAX;
        System.out.println("a的学号" + a.number + ",a求和结果" + a.compute(100));
        System.out.println("b的学号" + b.number + ",b求和结果" + b.compute(100));
    }
}
```

编译、运行程序，结果如下。

```
c:\ch5>javac InterfaceDemo.java
c:\ch5>java InterfaceDemo
a的学号101,a求和结果5050
b的学号102,b求和结果146
```

类实现的接口方法以及继承的接口中的常量可以被类的对象调用，而且常量也可以用类名或接口名直接调用。

接口也可以被继承，即可以通过关键字extends声明一个接口是另一个接口的子接口。由于接口中的方法和常量都是public，子接口将继承父接口中的全部方法和常量。

注意：如果一个类声明实现一个接口，但没有重写接口中的所有方法，那么这个类必须是abstract类。

【例题5.16】

```
public interface Computable{
    int MAX = 100;
    int compute(int x);
    float g(float x,float y);
}
abstract class A implements Computable{
```

```
    int number;
    public int compute(int x){
        int sum = 0;
        for(int i = 1;i< = x;i + + ) {
            sum = sum + i;
        }
        return sum;
    }
}
```

类 A 没有实现接口 Computable 中的所有方法,因此也是抽象方法。

5.9.3 接口回调

【例题 5.17】

```
interface Collection{
    int MAXNUM = 100;
    void add(Object obj);
    void delete(Object obj);
    Object find(Object obj);
    int currentCount();
}
class Queue implements Collection{
    void add(Object obj){
    …
    }
    void delete(Object obj){
    …
    }
    Object find(Object obj){
    …
    }
    int currentCount(){
    …
    }
}
class Stack implements Collection{
    void add(Object obj){
    …
    }
```

```
    void delete(Object obj){
    …
    }
    Object find(Object obj){
    …
    }
    int currentCount(){
    …
    }
}
class InterfaceType{
    public static void main(String args[]){
        Collection c = new Queue();
        System.out.println(c);
        c = new Stack();
        System.out.println(c);
    }
}
```

上例定义了接口Collection，具有public的常量属性：集合的最大容量MAXNUM；public的抽象成员方法：增加add、删除delete、查找find、获得实际容量currentCount。

类Queue和Stack都实现接口Collection，并重写了接口中定义的四个抽象成员方法。

但是类Queue和Stack在实现接口Collection时，都存在错误。即类实现接口，重写接口中的抽象方法时，不可以降低访问权限。接口中定义的抽象方法都是public修饰的，所以，重写的方法必须也是public修饰的。程序修改如下：

```
class Queue implements Collection{
    public void add(Object obj){
    …
    }
    public void delete(Object obj){
    …
    }
    \public Object find(Object obj){
    …
    }
    public int currentCount(){
    …
```

```
    }
}
class Stack implements Collection{
    public void add(Object obj){
    ...
    }
    public void delete(Object obj){
    ...
    }
    public Object find(Object obj){
    ...
    }
    public int currentCount(){
    ...
    }
}
```

和类一样,接口也是Java中的一种引用数据类型,其在声明时内存中的存储情况与类相同。

Collection c;

声明一个接口变量,则在栈中分配一块内存存放c。其内存如图5-11所示。

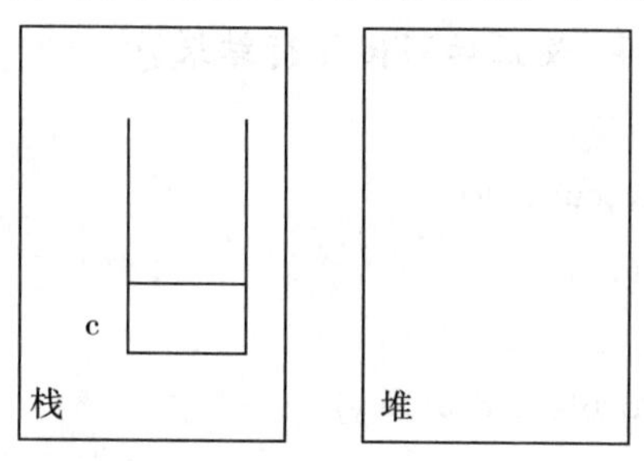

图5-11 执行"Collection c"之后的内存空间

语句"c=new Queue();"执行后内存如图5-12所示。

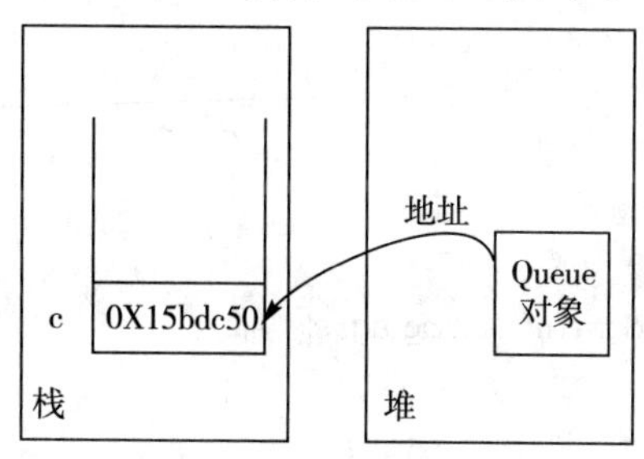

图5-12 执行"c=new Queue();"之后的内存空间

语句“c=new Stack();”执行后内存如图 5-13 所示。

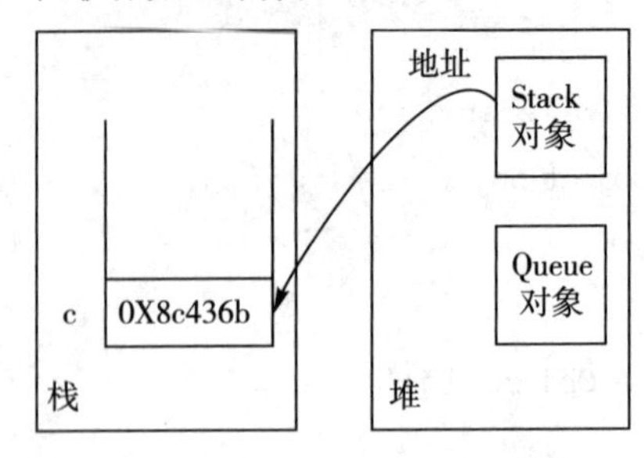

图 5-13 执行“c=new Stack();”之后的内存空间

当把实现接口的类创建的对象的引用赋值给接口变量时，接口变量可以调用该类实现的接口中的方法，这就称为“接口回调”。实际上，当接口变量调用被类实现的接口方法时，就是通知相应的对象调用这个方法。

注意：

①“new Queue();”是创建出来的 Queue 类的实例，它可以调用实现接口中的方法，也可以调用自己的方法。

②将“new Queue();”的对象赋值给接口变量 c，c 只能调用 Queue 类提供的实现接口中的方法。

课堂练习 5.7

指出下面程序中的错误，改正后写出运行结果。

```
interface A{
    double f(double x,double y);
}
class B implements A{
    public double f(double x,double y){
        return x * y;
    }
    int g(int a,int b){
        return a + b;
    }
}
public class Test{
    public static void main(String agrs[]){
        A a = new B();
        System.out.println(a.f(3,5));
        System.out.println(a.g(3,5));
```

```
        B b = (B)a;
        System.out.println(b.g(3,5));
    }
}
```

5.9.4 接口的多态性

【例题 5.18】

```
interface ShowMessage{
    void show();
}
class A implements ShowMessage{
    public void show(){
        System.out.println('A');
    }
}
class B implements ShowMessage{
    public void show(){
        System.out.println('B');
}
}
public class InterfaceCallBackDemo{
    public static void main(String args[]){
        ShowMessage sm; //声明接口变量
        sm = new A(); //接口变量中存放对象的引用
        sm.show(); //接口回调
        sm = new B(); //接口变量中存放对象的引用
        sm.show(); //接口回调
    }
}
```

编译、运行程序，结果如下。

```
c:\ch5>javac InterfaceCallBackDemo.java
c:\ch5>java InterfaceCallBackDemo
A
B
```

接口回调,将实现接口的类的实例的引用赋值给接口变量,该接口变量就可以回调类重写的接口方法。由接口产生的多态是指不同的类在实现同一个接口时可能具有不同的实现方式,那么接口变量在回调接口方法时就可能具有多种形态。

同样是接口变量 sm,调用相同的方法 show,参数也相同,但是 Java 运行时会根据 sm 中到底存放的是哪个类的实例,来通知对应的实例调用 show 方法,从而实现接口的多态性。

【例题 5.19】

```
interface Com{
    int add(int a,int b);
}
abstract class A{
    abstract int add(int a,int b);
}
class B extends A implements Com{
    public int add(int a,int b){
        return a + b;
    }
}
public class Demo{
    public static void main(String args[]){
        B b = new B();
        Com com = b;
        System.out.println(com.add(1,2)); //接口回调,接口多态
        A a = b;
        System.out.println(a.add(1,2)); //子类重写,继承多态
}
}
```

编译、运行程序,结果如下。

```
c:\ch5>javac Demo.java
c:\ch5>java Demo
3
3
```

语句"com.add(1,2);",由于 com 为接口变量,其中存放的是实现 Com 接口的类 B 的实例 b,因此 com 调用 add 方法,即 com 回调 b 的方法,体现了接口的多态性。

语句"a.dd(1,2);",由于 a 是父类对象,b 是子类对象,将子类对象引用赋值给父

类对象 a,a 成为上转型对象,a 调用 add 方法,即调用子类实现的 add 方法,体现了继承的多态性。

5.10 面向接口编程

接口使得程序员可以只关心操作,而不关心这些操作的具体实现细节,可以将主要精力放在程序的设计上,而不必拘泥于细节的实现。也就是说,可以通过在接口中声明若干个抽象方法,表明这些方法的重要性,方法体的内容细节由实现接口的类去完成。使用接口进行程序设计的核心思想是使用接口回调,即接口变量存放实现该接口的类的对象的引用,从而接口变量可以回调类实现的接口方法。

【例题 5.20】

```
interface Advertisement{
    public void showAdvertisement();
    public String getCorpName();
}
class AdvertisementBoard{
    public void show(Advertisement adver){
        System.out.println(adver.getCorpName() +"的广告词如下:");
        adver.showAdvertisement(); //接口回调
    }
}
class WhiteCloudCorp implements Advertisement{
    public void showAdvertisement(){
        System.out.println("飞机中的战斗机");
}
public String getCorpName(){
        return "白云有限公司" ;
    }
}
class BlackLandCorp implements Advertisement{
    public void showAdvertisement(){
        System.out.println("劳动光荣");
    }
    public String getCorpName(){
        return "黑土集团" ;
    }
```

```
}
public class InterfaceProgram{
    public static void main(String args[]) {
        AdvertisementBoard board = new AdvertisementBoard();
        board.show(new BlackLandCorp());
        board.show(new WhiteCloudCorp());
    }
}
```

面向接口编程同样遵循“开一闭”原则，如果再增加一个实现 Advertisement 接口的类 PhilipsCorp，那么 AdvertisementBoard 类不需要做任何修改，应用程序的主类就可以使用代码：

board. show(newPhilipsCorp())；

显示 PhilipsCorp 的广告词。

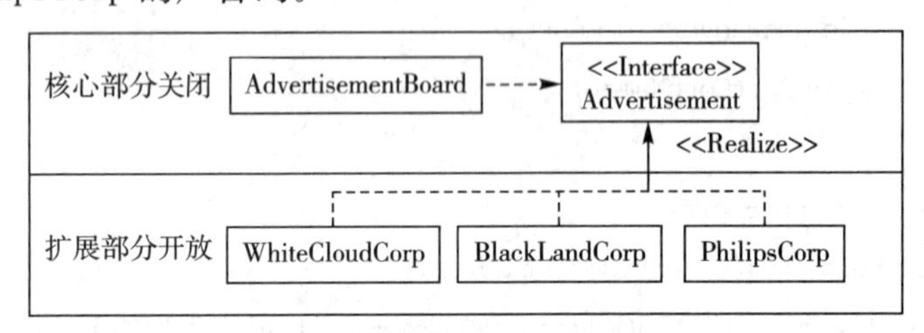

图 5-14 满足“开一闭”原则的框架

5.11 abstract 类与接口的比较

abstract 类和接口的比较如下。

①abstract 类和接口都可以有 abstract 方法。

②接口中只可以有常量，不能有变量；而 abstract 类中既可以有常量也可以有变量。

③abstract 类中也可以有非 abstract 方法，接口不可以。

在设计程序时，应当根据具体的分析来确定是使用抽象类还是接口。abstract 类除了提供重要的需要子类重写的 abstract 方法外，还提供了子类可以继承的变量和非 abstract 方法。如果某个问题需要使用继承才能更好地解决，例如，子类除了需要重写父类的 abstract 方法外，还需要从父类继承一些变量或继承一些重要的非 abstract 方法，就可以考虑用 abstract 类。如果某个问题不需要继承，只是需要若干个类给出某些重要的 abstract 方法的实现细节，就可以考虑使用接口。

5.12　内部类与匿名内部类

5.12.1　内部类

Java 支持在一个类中声明另一个类，这样的类称作“内部类”，而包括内部类的类称为“内部类的外嵌类”。

```
class A{ //外嵌类
    class B{ //内部类
    }
}
```

声明内部类和在类中声明的方法或成员变量一样，一个类把内部类视为自己的成员。内部类的外嵌类的成员变量在内部类中仍然有效，内部类中的方法也可以调用外嵌类中的方法。

【例题 5.21】

```
class RedCowForm {
    String formName;
    RedCow cow; //内部类声明对象
    RedCowForm(String s) {
        cow = new RedCow(150, 112, 5000);
        formName = s;
    }
    public void showCowMess() {
        cow.speak();
    }
    class RedCow { //内部类的声明
        String cowName = "红牛";
        int height, weight, price;
        RedCow(int h, int w, int p) {
            height = h;
            weight = w;
            price = p;
        }
        void speak() {
            System.out.println("我是" + cowName + ",身高:" + height + "cm 体重:" +
            weight + "kg,生活在" + formName);
```

```
            }
        }
    }
    public class InnerClassDemo {
        public static void main(String args[]) {
            RedCowForm form = new RedCowForm("红牛农场");
            form.showCowMess();
        }
    }
```

编译、运行程序，结果如下。

```
c:\ch5>javac InnerClassDemo.java
c:\ch5>java InnerClassDemo
我是红牛，身高:150cm 体重:112kg，生活在红牛农场
```

编译上述程序之后，形成三个类文件，RedCowForm.class、RedCowForm $ RedCow.class、InnerClassDemo.class。其中 RedCowForm $ RedCow.class 为内部类 RedCow 生成的字节码文件，从中也可以看出内部类是依赖于外嵌类的。

5.12.2 匿名内部类

由于内部类只在其外嵌类中使用，因此有时候也可以定义为匿名内部类，即没有类名的内部类，当使用运算符 new 创建对象时，同时给出类体。这种匿名内部类只能使用一次，可以简化代码，通常使用在继承或接口的应用场合。

【例题 5.22】

```
abstract class Person {
    public abstract void eat();
}
class Child extends Person {
    public void eat() {
        System.out.println("eat something");
    }
}
public class NonAnonymousClassDemo{
    public static voidmain(String[] args) {
        Person p = new Child();
        p.eat();
    }
}
```

编译、运行程序，结果如下。

```
c:\ch5>javac NonAnonymousClassDemo.java
c:\ch5>java NonAnonymousClassDemo
eat something
```

Child 类是 Person 类的子类，创建上转型对象 p，调用 eat( )方法。如果 Child 类只在此处使用一次，程序的其他地方都未出现，就可以将 Child 类定义为匿名内部类。

【例题 5.23】

```
abstract class Person {
    public abstract void eat();
}
public class AnonymousClassDemo{
    public static void main(String[] args) {
        Person p = new Person(){
            public void eat() {
                System.out.println("eat something");
            }
        };
        p.eat();
    }
}
```

可以看出，匿名内部类无须创建一个完整的类，而是直接将抽象类 Person 中的方法在大括号中实现，这样做可以省略一个类的书写。

这种匿名内部类称为匿名子类。同样的，匿名内部类还能用于接口上。

【例题 5.24】

```
interface Com {
    double computer(double x);
}
class Cube implements Com{
    public double computer(double x) {
        return x * x * x;
    }
}
public class NonAnonymousInterfaceDemo {
    public static void main(String args[]) {
```

```
        Com com = new Cube();
        System.out.println(com.computer(5));
    }
}
```

在上面的例题中，Cube类实现了Com接口，重写了其中的computer( )方法，实现参数x立方的操作。如果这个类仅使用一次，可以不用定义该类，而使用匿名内部类的形式。这种称为匿名实现类。

【例题5.25】

```
interface Com {
    double computer(double x);
}
public class AnonymousInterfaceDemo {
    public static void main(String args[]) {
        Com com = new Com() {
            public double computer(double x) {
                return x * x * x;
            }
        };
        System.out.println(com.computer(5));
    }
}
```

从上例可以看出，接口实现匿名类没有类名，通过使用接口名创建类实例，并且把接口中抽象方法的实现写在创建实例的后面。

5.12.3 Lambda表达式

Lambda表达式是JDK8的一个新特性，可以取代大部分的匿名内部类，写出更优雅的Java代码。语法格式如下。

(参数)－>表达式

或

(参数)－>{语句序列}

其中，－>是Lambda表达式的标志，代表指向动作，小括号内的语法与传统方法参数列表一致：无参数则留空；多个参数则用逗号分隔。大括号内的语法与传统方法体要求基本一致。

如果接口中的抽象方法名发生了变动，则所有接口的匿名实现类都要修改，但是如果使用Lambda表达式，就可以避免重复多次的修改。如将例题5.25优化为Lambda表达式的形式如下。

【例题 5.26】

```
interface Com {
    double computer(double x);
}
public classLambdaDemo{
    public static void main(String args[]) {
        Com com = (double x) -> {return x * x * x;};
        System.out.println(com.computer(5));
    }
}
```

仅留下接口中抽象方法的参数列表,后跟 Lambda 表达式的标志->,再接上抽象方法的具体实现。参数列表中参数的类别可省略,如果仅有一个参数,圆括号还可以进一步省略;如果抽象方法的具体实现只有一条语句,大括号也可以省略;进一步地,如果这一条语句是 return 语句,可以只保留返回值。因此上述例题可修改如下。

【例题 5.27】

```
interface Com {
    double computer(double x);
}
public classLambdaDemo{
    public static void main(String args[]) {
        Com com = x -> x * x * x;
        System.out.println(com.computer(5));
    }
}
```

虽然使用 Lambda 表达式可以对某些接口进行简单的实现,但并不是所有的接口都可以使用 Lambda 表达式来实现的。Lambda 规定接口中只能有一个需要被实现的方法。

习 题 5

1. 指出下列程序中的错误。

```
class A{
    protected int x,y;
    public A(int a,int b){
        x = a;
        y = b;
```

```
    }
}
class B extends A{
    public void print(){
        System.out.println(x+","+y);
    }
}
public class Test{
    public static void main(String args[]){
        B b = new B();
        b.print();
    }
}
```

2. 在下面的代码中，哪个选项可以加在横线上？为什么？

```
class Person{
    String name,department;
    public void printValue(){
        System.out.println("name is "+name);
        System.out.println("department is "+department);
    }
}
public class Teacher extends Person{
    int salary;
    public void printValue(){//打印名字、部门和工资
        ____________________________
        System.out.println("salary is "+salary);
    }
}
```

A. printValue( )　　　　B. this.printValue( )

C. person.printValue( )　　　　D. super.printValue( )

3. 指出下面程序的运行结果。

```
class Some{
    void doService(){
        System.out.println("some service");
    }
}
class Other extends Some{
```

```
    void doService(){
        System.out.println("other service");
    }
}
public class Test{
    public static void main(String args[]){
        Some some = new Some();
        some.doService();
        Other other = new Other();
        other.doService();
        some = new Other();
        other.doService();
    }
}
```

4. 指出下面程序中的错误。

```
interface One{
    void doSome();
    void doService(){
        System.out.println("do service");
    }
}
class Two implements One{
    public void doSome(){
        System.out.println("do some");
    }
}
public class Test{
    public static void main(String args[]){
        One s = new Two();
        s.doSome();
        s.doService();
    }
}
```

5. 按下面的要求完成程序设计,体会面向抽象编程。

(1)设计一个抽象类 F,该类有一个抽象方法 public int f(int a,int b)。

(2)设计一个子类 A,重写父类 F 的 f 方法,返回 a、b 的最大公约数。

(3)继续设计一个子类 B,重写父类 A 的 f 方法,返回 a、b 的最小公倍数。要求在子类重写父类方法时，首先调用父类的方法 f 获得最大公约数 m，然后再用公式(a * b)/m获得最小公倍数。

(4)最后写一个测试程序，分别计算 24 和 32 的最大公约数、最小公倍数。(要用上转型对象调用 f()方法)。

6. 按下面的要求完成程序设计，体会接口的多态性。

(1)设计一个接口 A，其中有一个抽象的 int f(int a, int b)方法。

(2)设计一个类 B，实现接口 A，重写 f()方法，返回 a+b。

(3)设计一个类 C，实现接口 A，重写 f()方法，返回 a * b。

(4)写一个测试类 InterfaceTest，将 B 类实例赋值给接口变量 A，调用 f()方法，再将 C 类实例赋值给接口变量 A，调用 f()方法，体会接口回调的含义。

7. 写出下面程序的运行结果。

```
class Cry{
    public void cry(){
        System.out.println("大家好");
    }
}
class Test{
    public static void main(String args[]){
        Cry hello = new Cry(){
            public void cry(){
                System.out.println("大家好,祝大家新年快乐!");
            }
        };
        hello.cry();
    }
}
```

第6章　数组、字符串与枚举

6.1　数　组

6.1.1　数组的定义

如果程序需要若干个类型相同的变量，如需要8个int型变量，应当怎样做？按照前面所学的知识，可以声明8个int型变量：

int a1,a2,a3,a4,a5,a6,a7,a8;

如果程序需要更多int型变量，则以这种方式来声明变量是不可取的，这就需要使用数组。

数组是相同类型的变量按顺序组成的一个复合数据类型，称这些相同类型的变量为数组的元素或单元。数组通过数组名加索引来使用数组的元素。索引从0开始。

例如，将8个int型变量声明为一个int型数组a，包含8个int型的数组元素。

方法如下：

int a[]=new int[8];

或

int []a=new int[8];

数组属于引用数据类型，创建数组包括声明数组和为数组分配空间两个步骤。

int a[]; //声明数组

声明语句对应内存空间如图6-1所示。

a=new int[8]; //为数组分配空间

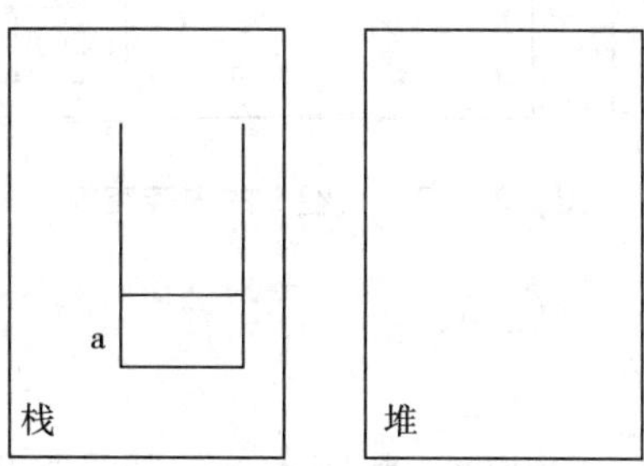

图6-1　声明数组时的内存空间

分配空间语句对应内存空间如图 6-2 所示。

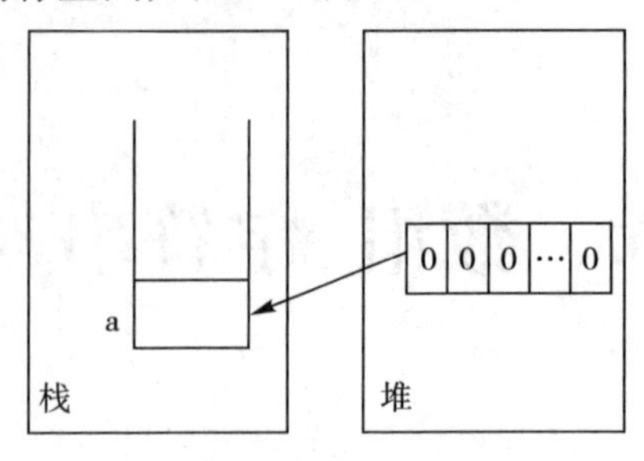

图 6-2 创建数组后的内存空间

数组元素的类型可以是 Java 的任何一种类型，包括基本数据类型或引用数据类型。

例如：

Rectr[]=new Rect[10];

表示声明一个数组 r，其中有 10 个元素，分别是 r[0], r[1], r[2],…, r[9]，每个数组元素都是 Rect 类型的对象。

二维数组被视为数组的数组，因此不要求二维数组的每一维的大小都相同。

二维数组中每行的列数可以相同，例如：

int a[][]=new int [3][5];

二维数组中每行的列数可以不同，例如：

int b[][]=new int[3][];

b[0]=new int[2];

b[1]=new int[3];

b[2]=new int[2];

二维数组 b 分配的内存空间如图 6-3 所示。

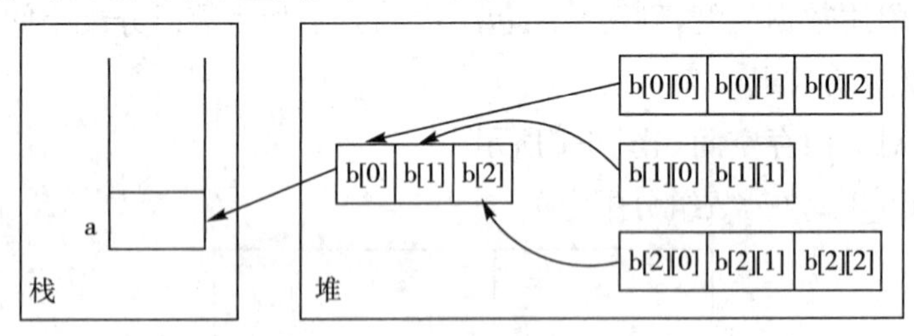

图 6-3 二维数组 b 的内存空间

6.1.2 数组的引用

数组属于引用数据类型，因此两个相同类型的数组如果具有相同的引用，它们就有完全相同的元素。例如，对于

int a[]={1,2,3},b[]={4,5};

其分配的内存空间如图 6-4 所示。

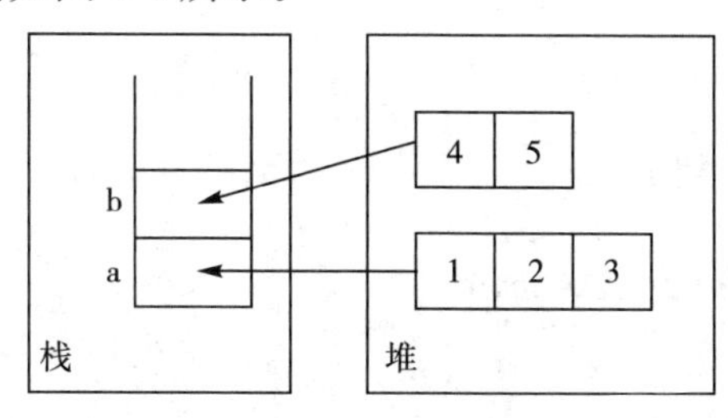

图 6-4　数组的内存空间

由于 a、b 是局部变量，在栈中分配空间，其数组元素值存在堆中，a 和 b 中存的是数组元素在堆中的首地址。

如果使用了下列赋值语句：

a=b;

那么，将 b 中存放的 b 数组元素在堆中的首地址赋值给了 a，这样 a 和 b 里存的都是数组元素 b 在堆中的首地址，如图 6-5 所示。

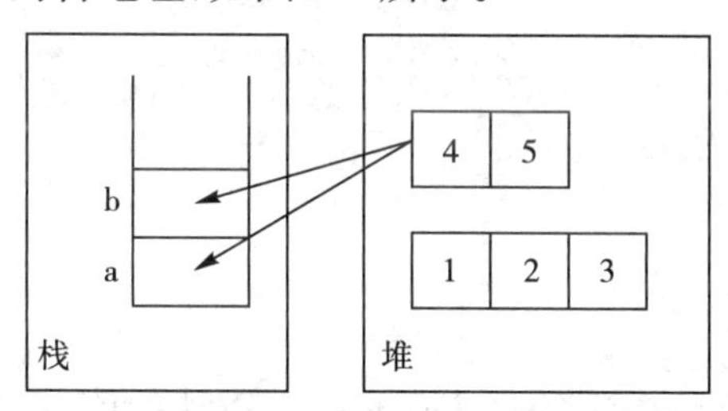

图 6-5　赋值后的内存空间

【例题 6.1】

```
public class AssignArray{
    public static void main(String args[]){
        int a[] = {1,2,3,4};
        int b[] = {100,200,300};
        System.out.println("数组 a 的元素个数 =" + a.length);
        System.out.println("数组 b 的元素个数 =" + b.length);
        System.out.println("数组 a 的引用 =" + a);
        System.out.println("数组 b 的引用 =" + b);
        System.out.println("a = = b 的结果是" + (a = = b));
        a = b;
        System.out.println("数组 a 的元素个数 =" + a.length);
        System.out.println("数组 b 的元素个数 =" + b.length);
        System.out.println("a = = b 的结果是" + (a = = b));
```

```
            System.out.println("a[0] = " + a[0] + ",a[1] = " + a[1] + ",a[2] = " + a[2]);
            System.out.print("b[0] = " + a[0] + ",b[1] = " + b[1] + ",b[2] = " + b[2]);
        }
    }
```

编译、运行程序，结果如下。

```
c:\ch6>javac AssignArray.java
c:\ch6>java AssignArray
数组 a 的元素个数=4
数组 b 的元素个数=3
数组 a 的引用=[I@9e5c73
数组 b 的引用=[I@c791b9
a==b 的结果是 false
数组 a 的元素个数=3
数组 b 的元素个数=3
a==b 的结果是 true
a[0]=100,a[1]=200,a[2]=300
b[0]=100,b[1]=200,b[2]=300
```

6.1.3 数组的初始化

创建数组后，系统会给数组的每个元素一个默认的值，例如：

int a[]=new int[3];

数组元素 a[0]、a[1]、a[2]默认为 0。

在声明数组的同时也可以给数组的元素设定初始值，例如：

float boy[]={1.2f,2.3f,4.5f};

上述语句相当于

float boy[]=new float[3];

boy[0]=1.2f;

boy[1]=2.3f;

boy[2]=4.5f;

也可以直接用若干个一维数组初始化一个二维数组，这些一维数组的长度不尽相同。例如：

int a[][]={{1},{1,2},{3,5},{1,2,3,4,5}};

注意：在栈中分配空间的变量是没有初值的，在堆中分配空间的变量默认有初值，如类的成员变量、数组元素，都是在堆中存放，默认有初值：整型变量默认为 0，浮点型变量默认为 0.0，boolean 型变量默认为 false，引用型变量默认为 null。

例如：

```
Rect r[] = new Rect[10];
```

数组 r 的每个元素都是 Rect 类型的对象，且初始化为 null，需要用

```
for(int i = 0;i<10;i + + ){
    r[i] = new Rect();
}
```

真正地创建每个数组元素。

6.1.4　数组的长度

数组名.length 获取数组的长度，对于一维数组，获取数组中元素的个数；对于二维数组，获取数组中一维数组的个数。例如，对于

float a[]=new float[12]；

int b[][]=new int [3][6]；

a.length 的值是 12，而 b.length 的值是 3。

6.1.5　遍历数组

以输出数组中所有元素为例，说明遍历数组的方法。

(1)传统方法

```
int a[] = {1,2,3,4};
for(int i = 0;i<a.length;i + + ){
    System.out.println(a[i]);
}
```

(2)增强 for 语句

```
for(int i:a){//循环变量 i 依次取数组 a 的每一个元素的值
    System.out.println(i);
}
```

注意：i 的声明只能在 for 语句中。

(3)Arrays 类提供的方法

public static String toString(int[] a)

可以得到参数指定的一维数组 a 的如下格式的字符串表示：

[a[0],a[1],a[2],…,a[a.length−1]]

toString 方法的参数可以是各种类型的数组。

例如，对于数组

int a[]={1,2,3,4,5}；

Arrays. toString(a)得到的字符串是：

[1,2,3,4,5]

注意：Arrays 类是 java. util 包中的类，使用前需导入，如：

import java. util. Arrays;

课堂练习 6.1

指出下面程序的错误。

```
class ImproveFor{
    public static void main(String args[]){
        char a[] = {'a','b','c'};
        char i;
        for(i:a){
            System.out.println(i);
        }
    }
}
```

课堂练习 6.2

指出下面程序的输出结果。

```
import java.util.Arrays;
public class ArrayToString{
    public static void main(String args[]){
        char [] a = {'A','B','C', 'D','E','F'};
        System.out.println(Arrays.toString(a));
    }
}
```

6.1.6 复制数组

数组属于引用数据类型，也就是说，如果两个类型相同的数组具有相同的引用，那么它们就有完全相同的元素。例如，对于：

int a[]={1,2};

int b[];

如果执行

b=a;

那么只是将 a 所指向的堆中数据的地址赋给了 b，a 和 b 都指向相同的数组空间,并没有产生一个数组的副本,那么如何进行数组的复制呢?

(1)System 类提供的方法

public static void arraycopy(sourceArray,int index1,copyArray,int index2,int length)

将数组 sourceArray 从索引 index1 开始后的 length 个元素复制到数组 copyArray,从 index2 开始存放。

注意: System 类是 java.lang 包中的类,属于自动导入的类,无须使用 import 语句导入。

【例题 6.2】

```
import java.util.Arrays;
public class CopyDemo{
    public static void main(String args[]){
        char a[] = {'A','B','C', 'D','E','F'};
        char b[] = {'1','2','3','4','5','6'};
        int c[] = {-1,-2,-3,-4,-5,-6};
        int d[] = {10,20,30,40,50,60};
        System.arraycopy(a,0,b,0,a.length);
        System.arraycopy(c,2,d,2,c.length-3);
        System.out.println(Arrays.toString(a));
        System.out.println(Arrays.toString(b));
        System.out.println(Arrays.toString(c));
        System.out.println(Arrays.toString(d));
    }
}
```

编译、运行程序,结果如下。

```
c:\ch6>javac CopyDemo.java
c:\ch6>java CopyDemo
[A, B, C, D, E, F]
[A, B, C, D, E, F]
[-1, -2, -3, -4, -5, -6]
[10, 20, -3, -4, -5, 60]
```

(2)Arrays 类提供的方法

public static double[] copyOf(double[] original,int newLength)

将参数 original 指定的数组中从索引 0 开始的 newLength 个元素复制到一个新

数组中，并返回这个新数组，且该新数组的长度为 newLength，如果 newLength 的值大于 original 的长度，copyOf 方法返回的新数组的第 newLength 索引后的元素取默认值。

该方法无须创建新数组，直接返回复制的新数组，是 JDK 6.0 对数组复制方法的一个改进。

数组的类型可以是 double、int、float、char 类型数组。

例如：

```
int a[]={100,200,300,400};
int b[]=Arrays.copyof(a,5);
System.out.println(Arrays.toString(b));
```

输出[100,200,300,400,0]。

(3)Arrays 类提供的方法

public static double[] copyOfRange(double[] original,int from,int to)

把参数 original 指定的数组中从索引 from 至 to－1 元素复制到一个新数组中，并返回这个新数组，即新数组的长度为 to-from。如果 to 的值大于数组 original 的长度，则元素不够时补零。

该方法可以将数组中的部分元素复制到另一个数组中。

例如：

```
int a[]={100,200,300,400,500,600};
int b[]=Arrays.copyofRange(a,2,5);
System.out.println(Arrays.toString(b));
```

输出[300,400,500]。

课堂练习 6.3

```
int a[] = {100,200,300,400,500,600};
int b[] = Arrays.copyofRange(a,2,8);
System.out.println(Arrays.toString(b));
```

课堂练习 6.4

指出下面程序的运行结果。

```
import java.util.*;
public class Test{
    public static void main(String args[]){
        char []a = {'b','i','r','d','c','a','r'};
```

```
            char []b = Arrays.copyOf(a,4);
            System.out.println(b);
            char []c = Arrays.copyOfRange(a,4,a.length);
            System.out.println(c);
        }
    }
```

6.1.7 数组排序与二分查找

(1)Arrays 类提供的方法 1

public static void sort(double a[])

将参数 a 指定的 double 类型数组按升序排序。

(2)Arrays 类提供的方法 2

public static void sort(double a[],int start,int end)

将参数 a 指定的 double 类型数组中索引 start 至 end－1 的元素的值按升序排序。

(3)Arrays 类提供的方法 3

public static int binarySearch(double[] a, double number)

判断参数 number 指定的数值是否在参数 a 指定的数组中,要求 a 必须事先排好序,如果 number 和数组 a 中某个元素的值相同,则返回索引。若找不到,则返回－1。

注意:索引都是从 0 开始的。

【例题 6.3】

```
import java.util.*;
public class FindDemo{
    public static void main(String args[]){
        Scanner scanner = new Scanner(System.in);
        int [] a = {12,34,9,23,45,6,45,90,123,19,34};
        Arrays.sort(a);
        System.out.println(Arrays.toString(a));
        System.out.println("输入整数,程序判断该整数是否在数组中:");
        while(scanner.hasNextInt()){
            int number = scanner.nextInt();
            int index = Arrays.binarySearch(a,number);
            if(index> = 0){
                System.out.println(number + "和数组中索引为" + index + "的元素值相同");
            }else{
                System.out.println(number + "不与数组中任何元素值相同");
```

```
            }
            System.out.println("是否继续输入整数？输入任何非整数即可结束");
        }
    }
}
```

编译、运行程序，结果如下。

```
c:\ch6>javac FindDemo.java
c:\ch6>java FindDemo
[6, 9, 12, 19, 23, 34, 34, 45, 45, 90, 123]
输入整数，程序判断该整数是否在数组中：
1
1 不与数组中任何元素值相同
是否继续输入整数？输入任何非整数即可结束
9
9 和数组中索引为 1 的元素值相同
是否继续输入整数？输入任何非整数即可结束
1.2
```

6.2 字符串

字符串是字符的序列，它是组织字符的基本的数据结构。C 语言把字符串作为字符数组来处理，并规定"\0"为字符串的结束标志。在进行字符串处理时，必须对数组中的每个元素分别处理，而且需要注意防止数组元素越界的问题。

Java 则把字符串当作类来处理，它提供了一系列的方法对整个字符串进行操作，使得字符串的处理更加容易和规范。

包 java.lang 中封装了类 String 和 StringBuffer，分别用于处理不变字符串和可变字符串，这两个类都被声明为 final，因此都不能被继承。

6.2.1 字符串常量

字符串常量是指用双引号括住的一串字符。如：

"Hello World!"

Java 编译器自动为每一个字符串常量生成一个 String 类的实例，并且存放在方法区内。

如果有：

String s1="Hello World!";

String s2="Hello World!";

那么 s1 和 s2 都指向方法区内的这块存放字符串常量的空间。如果有关系运算(s1==s2),则返回 true。

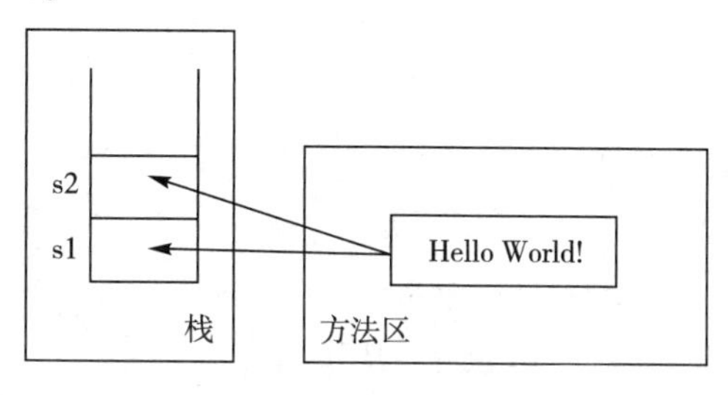

图 6-6　字符串常量在内存中的存储

6.2.2　String 类

1. String 类提供的构造方法

```
String()                      //生成空串
String(String value)          //从已有的字符串构造字符串
String(char chars[])          //从字符数组构造字符串
String(char chars[],int startIndex,intlength)   //从字符数组 startIndex 索引开始的 length
                                                //个字符构造字符串,索引从 0 开始
String(byte ascii[])                            //从字节数组构造字符串
String(byte ascii[],int startIndex,intlength)   //从字节数组 startIndex 索引开始的 length
                                                //个字节构造字符串
```

例如：

```
char chars[] = {'a','b','c','d'};
String s1 = new String(chars); // s1 = "abcd"
String s2 = new String(chars,2,2); // s2 = "cd"
```

课堂练习 6.5

写出下面程序的运行结果。

```
public class Test{
    public static void main(String args[]){
        byte bytes[] = {97,98,99,100};
        String s = new String(bytes,0,3);
        System.out.println(s);
    }
}
```

2. String 类提供的方法

(1)int length()

返回字符串的字符个数。

注意:String 类的 length()成员函数与字符数组的成员变量 length 的区别。

课堂练习 6.6

写出下面程序的运行结果。

```
public class Test{
    public static void main(String args[]){
        String china ="欢度 60 周年国庆";
        int n1,n2;
        n1 = china.length();
        n2 ="字母 abc".length();
        System.out.println(n1);
        System.out.println(n2);
    }
}
```

(2)boolean equals(String s)

boolean equalsIgnoreCase(String s)

比较当前字符串对象的实体是否与参数 s 指定的字符串实体相同,后者在比较时忽略大小写的差异。

```
String tom=new String("tom");
String lisa=new String("lisa");
String boy=new String("tom");
```

那么,tom.equals(boy)的值为 true,lisa.equals(boy)的值为 false。

注意:tom==boy 的值是 false,关系运算符==用来判断二者的值是否相等,而 tom 和 boy 都是字符串类的对象,其中存的是在堆中 new 出来的字符串实例的地址,内存分配如图 6-7 所示。

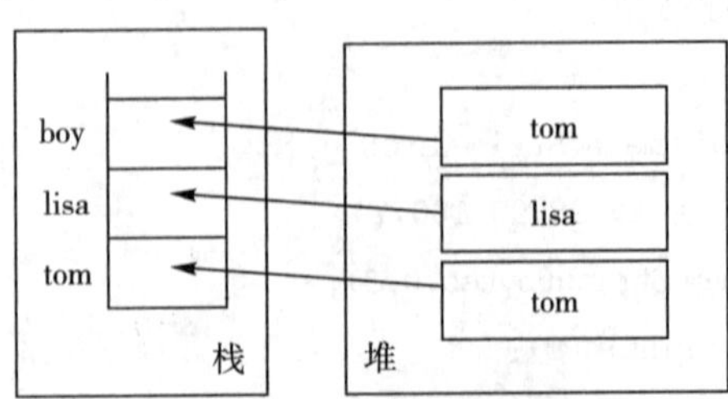

图 6-7 内存分配示意图

【例题 6.4】

```
class CompareDemo{
    public static void main(String args[]){
        String str1 = "abc";
        String str2 = "abc";
        System.out.println(str1.equals(str2));
        System.out.println(str1 = = str2);
        String str3 = new String("abc");
        String str4 = new String("abc");
        System.out.println(str3.equals(str4));
        System.out.println(str3 = = str4);
    }
}
```

编译、运行程序，结果如下。

```
c:\ch6>javac CompareDemo.java
c:\ch6>java CompareDemo
true
true
true
false
```

在上例中，

String str1="abc";

String str2="abc";

str1 和 str2 为 main 方法中声明的局部变量，在栈中存储，其中存放"abc"的地址。"abc"为字符串常量，存在方法区，方法区的字符串常量是不变的，且只有 1 个，因此，str1 和 str2 中存的都是方法区中字符串"abc"的地址。因为 str1==str2 返回 true，且由于 str1 和 str2 都指向方法区中"abc"所在内存区域，所以其值也相等，str1.equals(str2)返回 true。

String str3=new String("abc");

String str4=new String("abc");

str3 和 str4 为 main 方法中声明的局部变量，在栈中存储，其中存放地址。String 在 Java 中是类，new String("abc")表示在堆中分配空间，调用 String 类的构造方法，生成一个字符串对象。因此，str3 和 str4 中存的都是堆中 new 出来的两个字符串对象的地址，而这两个对象是分别创建的两个对象，占用不同的内存空间。因此

str3==str4返回 false；由于 str3 和 str4 所指向堆中内存区域的值都是 abc，所以其值相等，str3. equals(str4)返回 true。

该例的内存分配如图 6-8 所示。

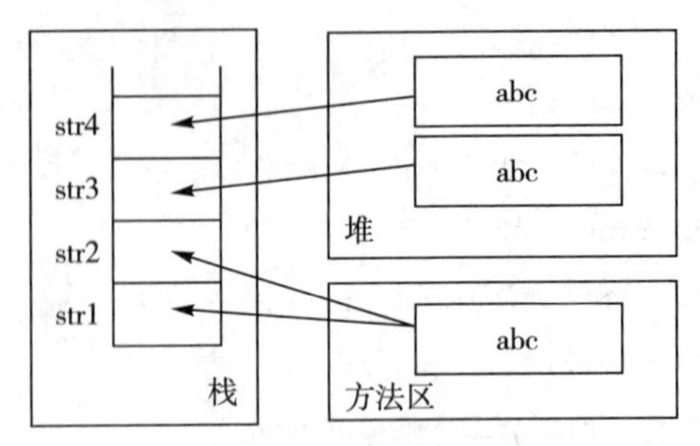

图 6-8　内存分配示意图

课堂练习 6.7

写出下面程序的运行结果。

```
class Test{
    public static void main(String args[]){
        String str1 = "abc";
        System.out.println(str1 = = "abc");
        String str2 = new String("abc");
        System.out.println(str2 = = "abc");
        String str3 = new String("abc");
        System.out.println(str3 = = str2);
    }
}
```

(3) boolean startsWith(String s)

booleanendsWith(String s)

判断当前字符串对象的前缀或后缀是否是参数 s 指定的字符串。

```
String str1="abc";
System.out.println(str1.startsWith("ab")); //true
System.out.println(str1.endsWith("abc")); //true
```

(4) int compareTo(String s)

int compareToIgnoreCase(String s)

按字典序比较当前字符串对象 this 与参数 s 指定的字符串，具体比较方法如下。按顺序比较当前字符串对象和参数指定的字符串 s 的对应字符，如果当前字符串对象的第一个字符和参数 s 的第一个字符不等，则结束比较，返回它们之间的差值 this. charAt(k)－s. charAt(k)；如果第一个字符和参数的第一个字符相等，则用第二个字符和参数的第二个字符做比较。以此类推,直至比较的字符或被比较的字符有一方完全比较完,此时比较两个串的长度,返回 this.length()－s.length()。

【例题 6.5】

```
class CompareToDemo{
    public static void main(String args[]){
        String str = "abcde";
        System.out.println(str.compareTo("boy"));
        System.out.println(str.compareTo("aba"));
        System.out.println(str.compareTo("abc"));
        System.out.println(str.compareTo("abcde"));
    }
}
```

编译、运行程序,结果如下。

```
c:\ch6>javac CompareToDemo.java
c:\ch6>java CompareToDemo
-1
2
2
0
```

课堂练习 6.8

写出下面程序的运行结果。

```
class Test{
    public static void main(String args[]){
        String s1 = "abc";
        String s2 = "abcd";
        String s3 = "abcdfg";
        String s4 = "1bcdfg";
        String s5 = "cdfg";
        System.out.println(s1.compareTo(s2));
        System.out.println(s1.compareTo(s3));
        System.out.println(s1.compareTo(s4));
        System.out.println(s1.compareTo(s5));
    }
}
```

(5) boolean contains(String s)

判断当前字符串对象是否含有参数指定的字符串 s。

String tom="student";

System.out.println(tom.contains("stu"));//true

System.out.println(tom.contains("str"));//false

(6) int indexOf(String s)

int lasetIndexOf(String s)

返回当前字符串对象中第一次(最后一次)出现参数指定的字符串的索引位置；若没出现参数指定字符串，则返回－1。

注意：字符串的索引位置从 0 开始。

String tom="I am a good cat.";

System.out.println(tom.indexOf("a"));　　　　//值是 2

System.out.println(tom.indexOf("good",2));　//值是 7

System.out.println(tom.indexOf("a",7));　　　//值是 13

System.out.println(tom.indexOf("w",2));　　　//值是－1

(7) String substring(int startpoint)

String substring(int startpoint,int endpoint)

获得当前字符串对象的一个子串，该子串为从 startpoint 索引位置开始，到串尾的子串，或到 endpoint 索引位置之前的子串，且不包含 endpoint 索引位置上的字符。

String tom="我喜欢篮球";

String s=tom.subString(1,3);//值为"喜欢"

(8) String trim()

将当前字符串对象去掉前后空格。

(9) String toLowerCase()

String toUpperCase()

将当前字符串对象全部换成小写或全部换成大写。

(10) String concat(String s)

将当前字符串对象和参数 s 指定的字符串对象进行连接构成新的字符串对象，并返回。

【例题 6.6】

```
class TransformDemo{
    public static void main(String args[]){
        String s1,s2,s3,t1 = "ABCD";
        System.out.println(t1);
```

```
        s1 = t1.toUpperCase();
        System.out.println(s1);
        s2 = t1.toLowerCase();
        System.out.println(s2);
        s3 = s1.concat(s2);
        System.out.println(s3);
    }
}
```

编译、运行程序,结果如下。

```
c:\ch6>javac TransformDemo.java
c:\ch6>java TransformDemo
ABCD
ABCD
abcd
ABCDabcd
```

(11) char charAt(int index)

返回字符串中 index 位置上的字符,index 表示索引,从 0 开始到 length－1 结束。

(12) int indexOf(int ch)

返回字符 ch 在字符串中第一次出现的位置。

(13) int lastIndexOf(int ch)

返回字符 ch 在字符串中最后一次出现的位置。

课堂练习 6.9

填空。

```
public class Test{
    public static void main(String args[]){
        String s = "Networkman";
        int length = ____________;
        System.out.println(length);
        for(____________){
            char c = s.charAt(i);
            System.out.println(____________);
        }
    }
```

}

(14) void getChars(int start,int end,char[] c,int offset)

将从 start 开始到 end 之前，不包括 end 的字符串赋值到目标字符数组 c 中，从 offset 开始存放。

(15) char[] toCharArray()

将字符串转换为一个新的字符数组。

【例题 6.7】

```
public class StringToCharArrayDemo{
    public static void main(String args[]){
        String s = "abc";
        char a[] = new char[2];
        s.getChars(0,2,a,0);
        System.out.println(a);
        char b[] = "abc".toCharArray();
        for(char ch:b)
            System.out.print(ch);
    }
}
```

编译、运行程序，结果如下。

```
c:\ch6>javac StringToCharArrayDemo.java
c:\ch6>java StringToCharArrayDemo
ab
abc
```

(16) byte[] getBytes()

使用平台默认的字符编码，将当前字符串转换为一个字节数组。

(17) byte[] getBytes(Charset charset)

使用参数指定字符编码，将当前字符串转换为一个字节数组。

【例题 6.8】

```
public class StringToByteArrayDemo{
    public static void main(String args[]){
        byte d[] = "Java 你好".getBytes();
        System.out.println("数组 d 的长度是:" + d.length);
        String s = new String(d,6,2);
        System.out.println(s);
```

```
            s = new String(d,0,6);
            System.out.println(s);
        }
    }
```

假设机器的默认编码是 GB2312，字符串“Java 你好”调用 getByte()返回一个字节数组 d，其长度为 8，该字节数组的 d[0]、d[1]、d[2]、d[3]单元分别是字符 J、a、v、a 的编码，第 d[4]和 d[5]单元存放的是字符“你”的编码，第 d[6]和 d[7]单元存放的是字符“好”的编码。

编译、运行程序，结果如下。

```
c:\ch6>javac StringToByteArrayDemo.java
c:\ch6>java StringToByteArrayDemo
数组 d 的长度是:8
好
Java 你
```

课堂练习 6.10

写出下面程序的运行结果。

```
public class Test{
    public static void main(String args[]){
        byte d[] = "abc 我们喜欢篮球".getBytes();
        System.out.println(d.length);
        String s = new String(d,0,7);
        System.out.println(s);
    }
}
```

6.2.3 字符串与基本数据类型的相互转换

1. 字符串→基本数据类型

java.lang 包中的 Integer 类提供的 parseInt(String s)方法可以将字符串转换为整型。例如：

String s="123";

int x=Integer.parseInt(s);

类似地，使用 java.lang 包中的 Byte、Short、Long、Float、Double 类提供的方法可以将数字字符组成的字符串转换为相应的基本数据类型。

byte parseByte(String s)

short parseShort(String s)

long parseLong(String s)

float parseFloat(String s)

double parseDouble(String s)

2. 基本数据类型→字符串

String 类提供了以下 static 方法可以将基本数据类型数据转换为字符串。

String valueOf(byte n)

String valueOf(int n)

String valueOf(long n)

String valueOf(float n)

String valueOf(double n)

例如：

String str=String. valueOf(123. 4)；//将 double 类型的 123. 4 转换为字符串。

【例题 6. 9】

```
public class ArgumentDemo{
    public static void main(String args[]){
        double sum = 0;
        for(int i = 0;i<args.length;i++){
            double item = Double.parseDouble(args[i]);
            sum = sum + item;
        }
        System.out.println("sum = " + sum);
    }
}
```

编译、运行程序，结果如下。

```
c:\ch6>javac ArgumentDemo.java
c:\ch6>java ArgumentDemo 1 2 3
sum=6.0
```

Java 应用程序的入口 main()方法是带参数的。此参数 String args[]为字符串类型的数组，即 args 是一个数组的名字，数组中的每个元素 args[0]、args[1]、args[2]……都是字符串。

利用 Double 类提供的 parseDouble( )方法可以将每个字符串类型的数组元素转换成 double 类型的，再实现累加。

6.2.4 正则表达式及字符串的匹配、替换与分解

1. 正则表达式

正则表达式是一个字符串,用来描述匹配一个字符串集合的模式。对于字符串处理来说,正则表达式是一个强大的工具。可以使用正则表达式来匹配、替换和分解字符串。

正则表达式由字面值字符和特殊符号组成。表 6-1 列出了正则表达式常用的语法。

表 6-1 常用的正则表达式

<table>
<tr><th>正则表达式</th><th>匹 配</th><th>示 例</th></tr>
<tr><td>x</td><td>指定字符 x</td><td>Java 匹配 Java</td></tr>
<tr><td>.</td><td>任意单个字符</td><td>Java 匹配 J..a</td></tr>
<tr><td>(ab|cd)</td><td>ab 或者 cd</td><td>ten 匹配 t(en|im)</td></tr>
<tr><td>[abc]</td><td>a、b 或者 c</td><td>Java 匹配 Ja[uvwx]a</td></tr>
<tr><td>[^abc]</td><td>除了 a、b 或者 c 外的任意字符</td><td>Java 匹配 Ja[^ars]a</td></tr>
<tr><td>[a-z]</td><td>a 到 z</td><td>Java 匹配[A-M]av[a-d]</td></tr>
<tr><td>[^a-z]</td><td>除了 a 到 z 的任意字符</td><td>Java 匹配 Jav[^b-d]</td></tr>
<tr><td>[a-e[m-p]]</td><td>a 到 e 或 m 到 p</td><td>Java 匹配[A-G[I-M]]av[a-d]</td></tr>
<tr><td>[a-e&&[c-p]]</td><td>a 到 e 与 c 到 p 的交集</td><td>Java 匹配[A-P&&[I-M]]av[a-d]</td></tr>
<tr><td>\d</td><td>个位数,等同于[0－9]</td><td>Java2 匹配"Java[\d]"</td></tr>
<tr><td>\D</td><td>一个非数字</td><td>$Java 匹配"[\D][\D]ava"</td></tr>
<tr><td>\w</td><td>单词字符</td><td>Java1 匹配"[\w]ava[\w]"</td></tr>
<tr><td>\W</td><td>非单词字符</td><td>$Java 匹配"[\W][\w]ava"</td></tr>
<tr><td>\s</td><td>空白字符</td><td>"Java 2"匹配"Java\s2"</td></tr>
<tr><td>\S</td><td>非空白字符</td><td>Java 匹配"[\S]ava"</td></tr>
<tr><td>p*</td><td>模式 p 的 0 或者多次出现</td><td>aaaabb 匹配"a*bb"
ababab 匹配"(ab)*"</td></tr>
<tr><td>p+</td><td>模式 p 的 1 或者多次出现</td><td>a 匹配"a+b*"
able 匹配"(ab)+.*"</td></tr>
<tr><td>p?</td><td>模式 p 的 0 或者 1 次出现</td><td>Java 匹配"J?Java"
Java 匹配"J?ava"</td></tr>
<tr><td>p{n}</td><td>模式 p 的正好 n 次出现</td><td>Java 匹配"Ja{1}.*"
Java 不匹配".{2}"</td></tr>
<tr><td>p{n,}</td><td>模式 p 的至少 n 次出现</td><td>aaaa 匹配"a{1,}"
a 不匹配"a{2,}"</td></tr>
<tr><td>p{n,m}</td><td>模式 p 出现次数位于 n 和 m 间(不包含)</td><td>aaaa 匹配"a{1,9}"
abb 不匹配"a{2,9}bb"</td></tr>
</table>

注意：反斜杠是一个特殊字符，在字符串中开始转义序列。因此需要使用\\d来表示\d。

由于"."代表任何一个字符，所以在正则表达式中如果想使用普通意义的点字符，可使用[.]或用\56表示普通意义的点字符。空白字符是' '、'\t '、'\n '、'\r '、'\f '，因此\s和[\t\n\r\f]等同，\S和[^\t\n\r\f]等同。

单词字符是任何的字母、数字或者下划线字符。因此\w等同于[a-z[A-Z][0-9]_]或者简化为[a-zA-Z0-9_]，\W等同于[^a-zA-Z0-9_]。

表6-1中最后6个实体*、+、?、{n}、{n,}以及{n,m}称为量词符，用于确定量词符前面的模式会重复多少次。例如，A* 匹配0或者多个A，A+ 匹配1或者多个A，A? 匹配0或者1个A。A{3}精确匹配AAA，A{3,}匹配至少3个A，A{3,6}匹配3～6个A。

2. 匹配

字符串对象调用：

```
bool matches(String regex)
```

方法判断当前字符串对象是否和参数regex指定的正则表达式匹配。

【例题6.10】

以下程序判断用户从键盘输入的字符序列是否全部由英文字母组成。

```
import java.util.Scanner;
public class StringMatchesDemo{
    public static void main (String args[]) {
        String regex = "[a - zA - Z] + ";
        Scanner scanner = new Scanner(System.in);
        String str = scanner.nextLine();
        if(str.matches(regex)) {
            System.out.println(str + "中的字符都是英文字母");
        }else{
            System.out.println(str + "中的字符不全是英文字母");
        }
    }
}
```

3. 替换字符串对象

```
String replaceAll(String regex,String replacement)
```

方法返回一个字符串，该字符串是当前字符串中所有和参数regex指定的正则表达式匹配的子字符串被参数replacement指定的字符串替换后的字符串。

例如：

```
String result = "Java Java Java".replaceAll("v\\w","wi" );
```

那么 result 就是 Jawi Jawi Jawi。

4. 分解字符串对象

```
String[] split(String regex)
```

方法使用参数指定的正则表达式 regex 作为分隔标记分解出其中的单词，并将分解出的单词存放在字符串数组中。例如：

```
String result[] = "Java1Html2perl".split("\\d");
```

将字符串"Java1Html2perl"分解出 Java、Html、Perl 并且保存在 result 字符串数组中。

```
String result[] = "1931 年 9 月 18 日晚，日本发动侵华战争，请记住这个日子!".split("\\D+");
```

使用非数字字符串作为分隔标记，分解出 1931、9、18 存于 result 字符串数组中。

注意：*split()方法认为分隔标记的左侧应该是单词，因此如果和当前 String 对象的字符序列的前缀 regex 匹配，那么 split(String regex)方法分解出的第一个单词是不含任何字符的字符序列，即""。例如：*

```
String result[] = "公元 1949 年 10 月 1 日是中华人民共和国成立的日子".split("\\D+");
```

使用非数字字符串作为分隔标记，分解出""、"1949"、"10"、"1"存于 result 字符串数组中。

【例题 6.11】

从键盘输入一行文本，编写程序输出其中的单词。

```
import java.util.Scanner;
public class StringSplitDemo{
    public static void main (String args[]) {
        System.out.println("请输入一行文本：");
        Scanner reader = new Scanner(System.in);
        String str = reader.nextLine();
        String regex = "[\\s\\d\\p{Punct}]+";
        String result[] = str.split(regex);
        int m = 1;
        for(String s:result){
            System.out.println("单词" + m + ":" + s);
            m++;
        }
    }
}
```

编译、运行程序，结果如下。

```
c:\ch6>javac StringSplitDemo.java
c:\ch6>java StringSplitDemo
请输入一行文本：
who are you(Lisa)?
单词 1:who
单词 2:are
单词 3:you
单词 4:Lisa
```

其中正则表达式\\p{Punct}表示标点符号，类似的还有\\p{Lower}表示小写字母[a-z]，\\p{Upper}表示大写字母[A-Z]，\\p{Alpha}表示字母，\\p{Digit}表示数字[0-9]，\\p{Alnum}表示字母数字，\\p{Blank}表示空格或制表符[\t]。

除了 split()方法外，还有两个类提供了字符串分解的方法，它们是 java.util 包中的 StringTokenizer 类和 Scanner 类。

和 split()方法不同的是，StringTokenizer 类的对象使用具体的符号作为分隔标记，而不是使用正则表达式。

例如，对于字符串"You are welcome"，如果把空格作为分隔标记，那么该字符串分隔成 3 个单词。而对于字符串"You,are,welcome"，如果把逗号作为分隔标记，那么该字符串分隔成 3 个单词。

StringTokenizer 类提供的构造方法包括以下两个。

• StringTokenizer(String s)：为字符串 s 构造一个分析器，使用默认的分隔标记，如空格符、换行符、回车符、Tab 符。

• StringTokenizer(String s,String delim)：为字符串 s 构造一个分析器，参数 delim 中的字符被作为分隔标记。

例如：

```
StringTokenizer fenxi=new StringTokenizer("you are welcome");
StringTokenizer fenxi=new StringTokenizer("you,are;welcome", ", ;");
```

一个 StringTokenizer 类的对象即为一个字符串分析器，通常用 while 循环调用 nextToken()方法逐个获取字符串中的单词，countTokens()方法返回的当前计数变量的值自动减 1。为了控制循环，可以使用 StringTokenizer 类中的 hasMoreTokens() 方法，只要字符串中还有单词，即计数变量的值大于 0，该方法就返回 true，否则返回false。

【例题 6.12】

编写程序，以"("左括号、")"右括号、","逗号、" "空格为分隔符，输出字符串中的单词,并统计出单词个数。

```
import java.util.*;
public class StringTokenizerDemo{
    public static void main(String args[]) {
        String s = "you are welcome(thank you),nice to meet you";
        StringTokenizer fenxi = new StringTokenizer(s,"(),");
        int number = fenxi.countTokens();
        while(fenxi.hasMoreTokens()) {
            String str = fenxi.nextToken();
            System.out.print(str + " ");
        }
        System.out.println("共有单词:" + number + "个");
    }
}
```

编译、运行程序,结果如下。

```
c:\ch6>javac StringTokenizerDemo.java
c:\ch6>java StringTokenizerDemo
you are welcome thank you nice to meet you 共有单词:9 个
```

另一个能够分解字符串的类为 Scanner 类,这个类就是在学习从命令行窗口输入数据时所学习到的 Scanner 类,除了对 System.in 的数据进行扫描外,还可以对字符串进行扫描,完成分解的功能。

```
String str = "我 喜欢 Java";
Scanner scanner = new Scanner (str);
```

使用默认分隔标记分解字符串 str,也可以由 Scanner 对象调用

useDelimiter(正则表达式);

方法将一个正则表达式作为分隔标记,即和正则表达式匹配的字符串都是分隔标记。

【例题 6.13】

使用正则表达式"[^0123456789.]+",即所有非数字字符串且不包括点符号作为分隔标记解析"话费清单:市话费 76.89 元,长途话费 167.38 元,短信费 12.68 元"中的全部价格数字,并计算总的通信费用。

```
import java.util.*;
public class ScannerDemo {
    public static void main(String args[]) {
        String cost = "话费清单:市话费 76.89 元,长途话费 167.38 元,短信费 12.68 元";
        Scanner scanner = new Scanner(cost);
```

```
        scanner.useDelimiter("[^0123456789.]+");
        double sum = 0;
        while(scanner.hasNext()){
                double price = scanner.nextDouble();
                sum = sum + price;
                System.out.println(price);
        }
        System.out.println("总通信费用:" + sum + "元");
    }
}
```

编译、运行程序，结果如下。

```
c:\ch6>javac ScannerDemo.java
c:\ch6>java ScannerDemo
76.89
167.38
12.68
总通信费用:256.95 元
```

StringTokenizer 类和 Scanner 类都可用于分解字符序列中的单词，但二者在思想上有所不同。StringTokenizer 类把分解出的全部单词都存放到 StringTokenizer 对象的实体中，因此，StringTokenizer 对象能较快速度获得单词，即 StringTokenizer 对象的实体占用较多的内存。与 StringTokenizer 类不同的是，Scanner 类不把单词存放到 Scanner 对象的实体中，而是仅仅存放怎样获取单词的分隔标记，因此 Scanner 对象获得单词的速度相对较慢，但 Scanner 对象节省内存空间。如果字符序列存放在磁盘空间的文件中，并且形成的文件比较大，那么用 Scanner 对象分解字符序列中的单词就可以节省内存。StringTokenizer 对象一旦诞生就立刻知道单词的数目，即可以使用 countTokens()方法返回单词的数目，而 Scanner 类不能提供这样的方法，因此 Scanner 类不把单词存放在 Scanner 对象的实体中，如果想知道单词的数目，就必须去一个一个地获取，并记录单词的数目。

6.2.5 StringBuffer 类

StringBuffer 表示可变字符串。

1. 构造方法

(1) StringBuffer()

系统为字符串分配 16 个字符大小的缓冲区。

(2) StringBuffer(int len)

len 指明字符串缓冲区的初始长度。

(3) StringBuffer(String s)

s 给出字符串的初始值，同时系统还要再为该串分配 16 个字符大小的空间。

2. 常用方法

(1) int capacity()

获得字符串缓冲区的容量。

(2) int length()

获得字符串的实际长度。

(3) StringBuffer append(Object o)

追加。将一个 Object 对象的字符串表示追加到当前 StringBuffer 对象中。

(4) StringBuffer insert(int index,String str)

插入。在 index 之前插入串 str。

(5) char charAt(int n)

返回某索引位置上的字符。

(6) void setCharAt(int n,char ch)

设置某索引位置上的字符。

(7) StringBuffer reverse()

将字符逆向，并返回当前对象的引用。

(8) StringBuffer delete(int startIndex,int endIndex)

删除。从当前对象实体中删除一个子串，子串从 startIndex 开始，到 endIndex 之前结束。

(9) StringBuffer replace(int startIndex,int endIndex,String str)

替换。将当前对象实体中的字符串的一个子串用参数 str 指定的字符串替换。

【例题 6.14】

```
public class StringBufferModify{
    public static void main(String args[]){
        StringBuffer sb = new StringBuffer("0123456");
        sb.reverse();
        System.out.println(sb);
        char c = '!';
        System.out.println(sb.append(c));
        System.out.println(sb.insert(3,c));
```

```
    }
}
```

编译、运行程序，结果如下。

```
c:\ch6>javac StringBufferModify.java
c:\ch6>java StringBufferModify
6543210
6543210!
654!3210!
```

课堂练习 6.11

写出下面程序的运行结果。

```
class MyString{
    public String getString(String s){
        StringBuffer str = new StringBuffer();
        for(int i = 0;i<s.length();i++){
            if(i%2 == 0){
                char c = s.charAt(i);
                str.append(c);
            }
        }
        return new String(str);
    }
}
public class Test{
    public static void main(String args[]){
        String s = "1234567890";
        MyString ms = new MyString();
        System.out.println(ms.getString(s));
    }
}
```

6.2.6 String 和 StringBuffer 区别

String 表示不变字符串，String 所提供的所有对字符串操作的方法都是生成一个新的字符串对象，其操作对原串没有影响。

StringBuffer 中对字符串的操作是对原串本身进行的，操作之后原串的值会发生变化。

6.3 枚　举

6.3.1 枚举类型

JDK 1.5引入了一种新的数据类型:枚举类型。

枚举类型的语法格式:

```
enum 枚举名{
    常量表
}
```

枚举体的内容一般为用逗号分隔的常量。例如:

```
enum Season{
    spring,summer,autumn,winter
}
```

声明了名字为Season的枚举类型,该枚举类型有4个常量。

声明了一个枚举类型后,就可以用该枚举类型的枚举名声明一个枚举变量,例如:

```
Season x;
```

声明了一个枚举变量x。

枚举变量x只能取值枚举类型中的常量。通过使用枚举名和“.”运算符获得枚举类型中的常量,例如:

```
x=Season.spring;
```

在一个Java源文件中,可以只声明定义枚举类型,然后保存该源文件,之后单独编译这个源文件得到枚举类型的字节码文件,那么该字节码就可以被其他源文件中的类使用。

【例题6.15】

```
//Weekday.java
enum Weekday {
    星期一, 星期二, 星期三, 星期四, 星期五, 星期六, 星期日
}
//Rest.java
public class Rest{
    public static void main(String args[]){
        Weekday x = Weekday.星期日;
        if(x = = Weekday.星期日){
```

```
                System.out.println(x);
                System.out.println("今天我休息");
            }
        }
    }
```

编译、运行程序，结果如下。

```
c:\ch6>javac Weekday.java
c:\ch6>javac Rest.java
c:\ch6>java Rest
星期日
今天我休息
```

6.3.2 枚举类型与 for 语句

枚举类型可以用如下形式返回一个一维数组：

枚举类型的名字.values()；

该一维数组元素的值和该枚举类型中的常量依次相对应。例如：

WeekDay a[]=WeekDay.values()；

那么，a[0]至 a[6]的值依次为：星期一、星期二、星期三、星期四、星期五、星期六、星期日。

JDK 1.5之后版本可以使用 for 语句遍历枚举类型中的常量。

【例题 6.16】

```
enum Color{
    红,黄,绿
}
public class ColorPair{
    public static void main(String args[]){
        for(Color a:Color.values()){
            for(Color b:Color.values()){
                if(a!=b){
                    System.out.print(a+","+b+"|");
                }
            }
        }
    }
}
```

编译、运行程序，结果如下。

```
c:\ch6>javac ColorPair.java
c:\ch6>java ColorPair
红，黄|红，绿|黄，红|黄，绿|绿，红|绿，黄|
```

课堂练习 6.12

输出从红、黄、蓝、绿、黑 5 种颜色中取出 3 种不同颜色的排列。

6.3.3　枚举类型与 switch 语句

JDK 1.5之后版本允许 switch 语句中的表达式的值是枚举类型的常量。

【例题 6.17】

```
enum Fruit{
    苹果,梨,香蕉,西瓜,芒果
}
public class FruitPrice{
    public static void main(String args[]){
        double price = 0;
        boolean show = false;
        for(Fruit fruit:Fruit.values()){
            switch(fruit){
                case 苹果:
                    price = 1.50;
                    show = true;
                    break;
                case 芒果:
                    price = 6.80;
                    show = true;
                    break;
                case 香蕉:
                    price = 2.80;
                    show = true;
                    break;
                default:
                show = false;
            }
            if(show){
```

```
                System.out.println(fruit+"500克的价格:"+price+"元");
            }
        }
    }
}
```

编译、运行程序，结果如下。

```
c:\ch6>javac FruitPrice.java
c:\ch6>java FruitPrice
苹果500克的价格:1.50元
香蕉500克的价格:2.80元
芒果500克的价格:6.80元
```

习 题 6

1.假设有如下代码，mycon[1]的值是什么？

```
MyCon{
    int[] mycon = new int[5];
}
```

2.要求用户从键盘输入数组长度n(int类型)，再从键盘输入n个数组元素(double类型)，编写程序对这些数进行排序并输出。

3.要求用户从键盘输入一个浮点数后，编写程序判断该浮点数由多少位数字组成，并分别输出整数部分、小数部分以及整数部分共有多少位数字、小数部分共有多少位数字。

4.写出下面程序的运行结果。

```
class Test{
    public static void main(String args[]){
        StringBuffer str = new StringBuffer("123456");
        str.setCharAt(0, 'w');
        str.setCharAt(1, 'e');
        System.out.println(str);
        str.insert(2, "all");
        System.out.println(str);
        str.delete(6, 8);
        System.out.println(str);
        int index = str.indexOf("3");
```

```
            str.replace(index, str.length(), "9");
            System.out.println(str);
        }
    }
```

5. 设计程序实现求解和为 15 的棋盘游戏问题，要求将从 1 到 9 的 9 个数填入 3×3 棋盘的方格子中，使得各行、各列以及两条对角线上的 3 个数之和均为 15。

6. 计算二维表中各行元素的和，并找出和最大的行。

```
int myTable[][] = {
    {23,45,65,34,21,67,78},
    {46,14,18,46,98,63,88},
    {98,81,64,90,21,14,23},
    {54,43,55,76,22,43,33}
};
```

第7章　异常处理

7.1　什么是异常

程序运行时可能会出现一些异常，使程序突然退出。程序员在遇到这种情况时最头疼，因为不知道到底什么地方发生了错误，这时候需要一步步调试来找出问题所在。

Java 提供了异常处理机制，在程序中对可能发生错误的地方提供处理的方法，使得 Java 程序更加健壮。

异常，也称例外，是指在程序的运行过程中所发生的异常事件，它中断指令的正常执行。很多类型的错误都会导致异常事件的产生。例如，当做除法运算时，除数是一个表达式，经过计算后表达式结果为 0，这时候会发生除 0 溢出的异常事件，使程序无法继续运行；当声明了一个含有 3 个元素的数组 x，引用 x[3]就会产生异常事件；当从某个文件读取数据时，如果这个文件被移走了，异常事件也会发生。

【例题 7.1】

```
import java.util.Scanner;
class ArithmeticExceptionDemo{
    public static void main(String args[]){
        Scanner reader = new Scanner(System.in);
        int a = reader.nextInt();
        System.out.println(5/a);
    }
}
```

编译、运行程序，结果如下。

```
c:\ch7>javac ArithmeticExceptionDemo.java
c:\ch7>java ArithmeticExceptionDemo
0
Exception in thread "main" java.lang.ArithmeticException: / by zero
    atArithmeticExceptionDemo.main(ArithmeticExceptionDemo.java:6)
```

【例题 7.2】

```
class ArrayExceptionDemo{
    public static void main(String args[]){
        int x[] = new int[3];
        x[3] = 1;
    }
}
```

编译、运行程序，结果如下。

```
c:\ch7>javac ArrayExceptionDemo.java
c:\ch7>java ArrayExceptionDemo
Exception in thread "main" java.lang.ArrayIndexOutOfBoundsException: 3
    at ArrayExceptionDemo.main(ArrayExceptionDemo.java:4)
```

【例题 7.3】

```
import java.io.*;
class IOExceptionDemo{
    public static void main(String args[]){
        FileReader fis = new FileReader("Demo.java");
        BufferedReader buffer = new BufferedReader(fis);
        String b = null;
        while((b = buffer.readLine())! = null){
            System.out.println(b);
        }
        buffer.close();
        fis.close();
    }
}
```

编译、运行程序，结果如下。

```
c:\ch7\IOExceptionDemo.java:4: 错误: 未报告的异常错误 FileNotFoundException; 必须对其进行捕获或声明以便抛出
FileReader fis=new FileReader("Demo.java");
                ^
c:\ch7\IOExceptionDemo.java:7: 错误: 未报告的异常错误 IOException; 必须对其进行捕获或声明以便抛出
while((b=buffer.readLine())!=null){
```

```
                    ^
c:\ch7\IOExceptionDemo.java:10:错误：未报告的异常错误 IOException；
必须对其进行捕获或声明以便抛出
buffer.close();
          ^
c:\ch7\IOExceptionDemo.java:11:错误：未报告的异常错误 IOException；
必须对其进行捕获或声明以便抛出
fis.close();
       ^
    4 个错误
```

上面的三个例子都产生了异常事件。提示的信息java. lang. ArithmeticException、java. lang. ArrayIndexOutOfBoundsException、FileNotFoundException、IOException分别指明了异常的类型。同时，我们也可以看到，对于一些异常事件，不要求在程序中进行处理，编译能够通过，但是运行时发生异常(如例题 7.1、例题 7.2)。但对于另外一些异常事件，则要求在程序中作出处理，否则编译程序会指出错误(如例题 7.3)。

7.2 Java 对异常事件的处理方式

在 Java 程序的执行过程中，如果出现了异常事件，就会生成一个异常对象。异常对象指明异常事件的类型以及当异常发生时程序的运行状态等信息。生成的异常对象将传递给 Java 虚拟机，这一异常对象的产生和提交过程称为“抛弃”(throws)异常。

当 Java 虚拟机得到一个异常对象时，它将会寻找处理这一异常对象的代码。寻找的过程从生成异常对象的代码块开始，沿着方法的调用栈逐层回溯，直到找到一个方法能够处理这种类型的异常为止，然后 Java 虚拟机把当前异常对象交给这个方法进行处理。这一过程称为“捕获”(catch)异常。

如果 Java 虚拟机找不到可以捕获异常对象的方法，则 Java 虚拟机将终止，相应的 Java 程序也将退出。

7.3 异常的分类

Java 的每个异常事件都由 Throwable 类及其子类的对象来表示。Throwable 类的继承层次如图 7-1 所示。

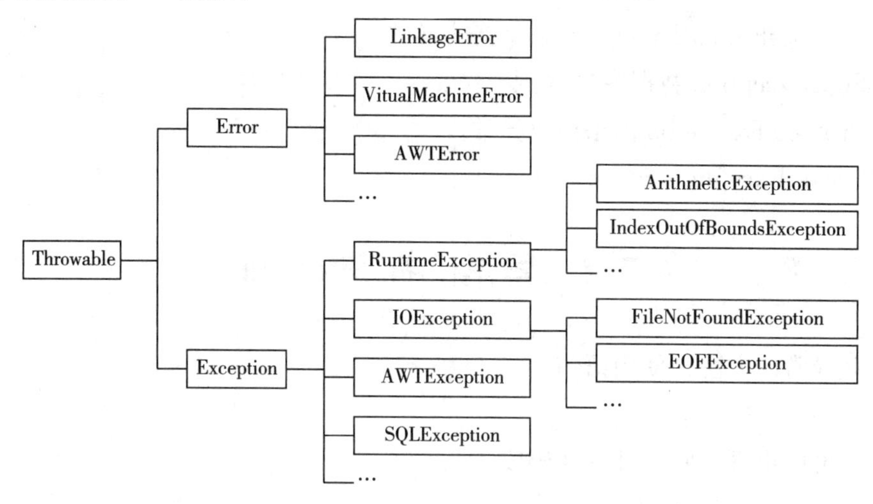

图 7-1 例外类层次图

从图中可以看出,Java 的异常事件分为两大类:一类继承于类 Error,该类代表错误,指程序无法恢复的异常情况,包括动态链接失败、虚拟机错误、AWT 错误等,Java 编译器不要求在程序中对这类错误作出处理;另一类继承于类 Exception,代表例外,指程序有可能恢复的异常情况。这是 Java 程序中所大量处理的异常,只不过其中的 RuntimeException 类代表了 Java 虚拟机在运行时所生成的异常,由于这类例外事件的生成是很普遍的,要求程序全部对这类例外作出处理可能对程序的可读性和高效性带来不好的影响。因此 Java 编译器允许程序不对它们作出处理,当然也可以对它们进行处理。常见的运行时例外如下。

①ArithmeticException 数学运算异常,比如除数为零的异常。

②IndexOutOfBoundsException 下标越界异常,比如集合、数组等。

③ArrayIndexOutOfBoundsException 访问数组元素的下标越界异常。

④StringIndexOutOfBoundsException 字符串下标越界异常。

⑤IllegalArgumentException 无效参数异常,比如,试图将字符串转换成一种数值,但当该字符串不能转换为适当格式时,抛出该异常。

⑥NullpointerException 当程序试图访问一个空数组中的元素,或访问一个空对象中的方法或变量时产生的异常。

其他继承于类 Exception 的子类则代表非运行时例外。这类例外是我们可以预见的,在程序中进行处理可以提高程序的健壮性,因此 Java 编译器要求程序必须处理这类例外,常用的非运行时例外包括:

①IOException 输入输出异常。

②FileNotFoundException 找不到指定文件的异常。

③EOFException 到达文件尾异常。

④NumberFormatException 数据格式异常。

⑤SQLException 数据库异常。

⑥ProtocolException 网络协议异常。

⑦SocketException Socket 操作异常。

7.4 异常的捕获 catch

处理异常的方法是使用语句：

```
try{
    可能出现异常事件的代码段
}catch(Exception1 e1){
    语句序列
}catch(Exception2 e2){
    语句序列
    …
}catch(ExceptionN eN){
    语句序列
}[finally{
    一定会运行的语句序列
}]
```

1. try 捕获异常

用于监控可能出现异常事件的代码段，如果发生异常，try 代码块将抛出异常类对象并立刻结束执行，而转向异常处理 catch 部分。

2. catch 处理异常

每个 try 代码块必须伴随一个或多个 catch 语句，用于处理 try 代码块中所产生的异常事件。如果异常对象属于 catch 内所定义的异常类，则 catch 会捕获该异常，并进入 catch 中的对应代码段继续运行程序，如果异常对象不属于 catch 中所定义的异常类，则进入 finally 块继续运行程序。

注意：一旦进入某个 catch 块，则不会再执行其他 catch 块。

catch 语句只需要一个形式参数，参数类型指明它能够捕获的例外类型，这个类必须是 Throwable 的子类。例如：

```
try{
…
```

```
}catch(IOException e){
…
}catch(SQLException e){
…
}
```

在 catch 块中是对例外对象进行处理的代码，与访问其他对象一样，可以访问一个例外对象的变量或调用它的方法。如：

(1)String getMessage()

返回异常对象的一个简短描述。

(2)String toString()

获取异常对象的详细信息。

(3) void printStackTrace()

用来跟踪异常事件发生时执行堆栈的内容。

3. finally 最终处理

捕获例外的最后一步是通过 finally 语句为异常处理提供一个统一的出口，使得在控制流转到程序的其他部分以前，能够对程序的状态作出统一的管理。不论在 try 代码块中是否发生了异常事件，finally 块中的语句都会被执行。finally 语句块可有可无。

通常在 finally 块中执行关闭打开的文件、删除临时文件、关闭数据库连接等操作。

【例题 7.4】

```
public class TryCatchDemo{
    public static void main(String args[]){
        int n=0,m=0,t=0;
        try{
            n=Integer.parseInt("1");
            m=Integer.parseInt("a"); //发生异常，转向 catch
            t=1;//t 没有机会被赋值
        }catch(NumberFormatException e){
            System.out.println("发生异常:"+e.getMessage());
        }
        System.out.println("n="+n+",m="+m+",t="+t);
        try{
            n=Integer.parseInt("123");
            m=Integer.parseInt("456");
```

```
            t = 789; //t 被赋值
        }catch(NumberFormatException e){
            System.out.println("发生异常:" + e.getMessage());
        }
        System.out.println("n = " + n + ",m = " + m + ",t = " + t);
    }
}
```

编译、运行程序，结果如下。

```
c:\ch7>javac TryCatchDemo.java
c:\ch7>java TryCatchDemo
发生异常:For input string: "a"
n=1,m=0,t=0
n=123,m=456,t=789
```

从以上例题可以看出，程序即使发生了异常，但是依然完整地运行了一遍，不会因为异常而中断程序的执行，从而提高了程序的鲁棒性。

注意：

①catch 可以有多个，finally 至多有一个。

②try、catch、finally 三个代码块中变量的作用域均在代码块内部，分别独立且不能相互访问。如果需要在三个代码块中访问某变量，则需要将该变量的定义放到这些代码块之前。

③子类异常的处理块必须在父类异常处理块的前面。

定义多个 catch 可精确地定位 Java 异常。当为子类的异常定义了特殊的 catch 块，而父类的异常放在另外一个 catch 块中时，子类异常的处理块必须在父类异常处理块的前面，否则会发生编译错误，即，越特殊的异常越在前面处理，越普遍的异常越在后面处理。

【例题 7.5】

```
import java.io.*;
class IOExceptionDemo1{
    public static void main(String args[]){
        BufferedReader buffer = null;
        try{
            buffer = new BufferedReader(new FileReader("Demo.java"));
            String b = null;
            while((b = buffer.readLine())! = null){
                System.out.println(b);
            }
```

```
        }catch(FileNotFoundException e){
            System.out.println("发生了文件找不到异常。");
            e.printStackTrace(System.out);
        }catch(IOException e){
            System.out.println("发生了输入/输出异常。");
            e.printStackTrace(System.out);
        }finally{
            try{
                if(buffer! = null){
                    buffer.close();
                }
            }catch(IOException e){
                System.out.println("发生了异常关闭异常。");
                e.printStackTrace(System.out);
            }

        }
    }
}
```

上例中使用了两个 catch 语句分别对 try 代码块中可能出现的两个异常事件进行处理。如果要打开的文件“Demo. java”不存在，程序运行时就会显示下面的信息：

```
c:\ch7>javac IOExceptionDemo1. java
c:\ch7>java IOExceptionDemo1
发生了文件找不到异常。
java. io. FileNotFoundException: Demo. java (系统找不到指定的文件。)
    at java. io. FileInputStream. open(Native Method)
    at java. io. FileInputStream. <init>(Unknown Source)
    at java. io. FileInputStream. <init>(Unknown Source)
    at java. io. FileReader. <init>(Unknown Source)
    atIOExceptionDemo. main(IOExceptionDemo. java:5)
```

从图 7-1 可以看出，IOException 是 FileNotFoundException 的父类，从程序的运行结果可以看到，捕获 IOException 对象的代码块并没有被执行。这是因为当运行时系统查找处理例外的代码时，首先从调用堆栈的最顶端开始，也就是从生成异常对象的方法开始(例中为 FileReader 的构造方法)。由于 FileReader 的构造方法中没有处理异常的 catch 语句，运行时系统沿调用栈向后回溯进入方法 main()，方法 main()中的两个 catch 语句，运行时系统把异常对象的类型依次和每个 catch 语句的参数类型进行比较，如果类型相匹配，则把该异常对象交给这个 catch 代码块。这里，匹配是指异常对象的类型与参数类型完全相同，或者为其子类。因此第一个 catch 块被执行。

由上例可见，捕获异常的顺序是和不同 catch 语句的顺序相关的，在上例中如果把两个 catch 语句的次序换一下，则在编译时会出现下面的信息：

```
c:\ch7\IOExceptionDemo1.java:15: 错误:已捕获到异常错误 FileNotFoundException
}catch(FileNotFoundException e){
^
1 个错误
```

由于第一个 catch 语句首先得到匹配，第二个 catch 语句永远都不会被执行。因此，在安排 catch 语句的顺序时，首先应该捕获最特殊的例外，然后再逐渐一般化。同时，我们也看到，如果 catch 语句所捕获的例外类型不是一个“终极”类型（即它有子类），则一个 catch 语句可以同时捕获多种例外。如例中的

```
catch(IOException e){
    ...
}
```

除了可以捕获 FileNotFoundException 例外对象以外，还可以捕获 EOFException 例外对象，只要它们是 IOException 类的子类即可。

但是通常在指定所捕获的例外类型时，应该避免选择最一般的类型（如 Exception）。否则，当异常事件发生时，程序中不能确切判断例外的具体类型并作出相应处理以从错误中恢复。

课堂练习 7.1

写出下面程序输入 0 后的输出结果。

```
import java.util.Scanner;
import java.io.*;
class Quiz{
    public static void main(String args[]){
        Scanner reader = new Scanner(System.in);
        int i = reader.nextInt();
        System.out.print("Go ");
        try{
```

```
            System.out.print("in ");
            if(i==0){
                throw new IOException();
            }
            System.out.print("this ");
        }catch(IOException e){
            System.out.print("that ");
        }
        System.out.print("way.\n");
    }
}
```

Java7新特性

Java 7 提供 try-with-resources 实现自动资源管理，其语法格式为：

```
try(资源声明){
    try 代码块
}catch(Exception e){
    catch 代码块
}finally{
    finally 代码块
}
```

凡是实现 java.lang.AutoClosable 接口，包括实现 java.io.Closeable 接口的类的对象都可以作为资源，在括号( )中进行声明。声明的资源不再需要在 finally 块中显式地关闭，而是在 try 代码块执行结束后，自动关闭，例如，关闭打开的文件、关闭数据库连接、关闭 Socket 连接等。如果在 try 代码块发生了异常，也会在转向 catch 代码块之前关闭资源。

比如，例题 7.5 可以改写如下：

【例题 7.6】

```
import java.io.*;
class IOExceptionDemo2{
    public static void main(String args[]){
        try(BufferedReader buffer = new BufferedReader(new FileReader("Demo.java"))){
            String b = null;
            while((b = buffer.readLine())!= null){
                System.out.println(b);
            }
```

```
            }catch(FileNotFoundException e){
                System.out.println("发生了文件找不到异常。");
                e.printStackTrace(System.out);
            }catch(IOException e){
                System.out.println("发生了输入/输出异常。");
                e.printStackTrace(System.out);
            }
        }
    }
```

try 后括号中声明的资源可以是多个，以分号分隔。

【例题 7.7】

```
import java.io.*;
class IOExceptionDemo3{
    public static void main(String args[]){
        try(BufferedReader reader = new BufferedReader(new FileReader("Demo.java"));
            BufferedWriter writer = new BufferedWriter(new FileWriter("Output.java"))){
            String b = null;
            while((b = reader.readLine())! = null){
                System.out.println(b);
                writer.write(b);
                writer.newLine();
            }
        }catch(FileNotFoundException e){
            System.out.println("发生了文件找不到异常。");
            e.printStackTrace(System.out);
        }catch(IOException e){
            System.out.println("发生了输入/输出异常。");
            e.printStackTrace(System.out);
        }
    }
}
```

上例从文件中读取数据，并写入输出文件。

Java 7 引入了新的接口 java.lang.AutoCloseable，并且成为 java.io.Closeable 的父接口。在 try-with-resources 语句中声明并且可以被自动关闭的资源必须实现 AutoCloseable 接口，否则会产生编译错误。

try 代码块执行结束后，自动关闭资源的顺序与打开资源的顺序相反。

【例题 7.8】

```
class ResourceManagement{
    public static void main(String args[]){
        try(MyResource mr = new MyResource()){
            System.out.println("MyResource created in try-with-resources.");
        }catch(Exception e){
            e.printStackTrace(System.out);
        }
        System.out.println("Out of try-catch block");
    }
}
class MyResource implements AutoCloseable{
    public void close() throws Exception{
        System.out.println("Closing MyReource");
    }
}
```

课堂练习 7.2

写出例题 7.8 程序的运行结果。

Java7新特性 

Java 7 中的 catch 语句的形式参数可以使用连接符"|"进行连接,表明同时捕获多种例外。

例如:

```
try{
...
}catch(IOException|SQLException e){
...
}
```

7.5 异常的抛弃 throws

当一个方法生成了一个异常对象,但是该方法不知道该如何处理这一异常事件时,可以声明抛弃异常对象,使得异常对象可以从调用栈向后传播,直到有合适的方法捕获它为止。比如,例题 7.5 所述的 FileNotFoundException 类例外,它是由

FileReader 的构造方法生成的，但是 FileReader 的构造方法并不清楚如何处理它，是终止程序的执行还是新生成一个文件？通常这应该由调用它的方法来处理。

声明抛弃异常对象是在一个方法声明中的 throws 子句中指明的，如：

public FileReader(String fileName) throws FileNotFoundException

throws 子句中同时可以指明多个异常，说明该方法不对这些异常进行处理，而是声明抛弃它们。

在例题 7.5 中，如果不想进行例外处理，只需在方法 main()的声明中简单地加上 throws 子句即可通过编译，但运行时一样会出现异常。

【例题 7.9】

```
import java.io.*;
class IOExceptionDemo{
    public static void main (String args[])
            throws FileNotFoundException,IOException{
        FileReader fis = new FileReader("Demo.java");
        BufferedReader buffer = new BufferedReader(fis);
        String b = null;
        while((b = buffer.readLine())! = null){
            System.out.println(b);
        }
        buffer.close();
        fis.close();
    }
}
```

最后，再次强调，对于非运行时例外，程序中必须作出处理，或者捕获，或者声明抛弃。而对于运行时例外，则可以不作处理。

7.6 异常的生成 throw

抛弃异常对象首先要生成异常对象。异常对象可以由 Java 虚拟机生成，或者由 Java 类库中某些类的实例生成，同时也可以在程序中通过 throw 关键字显式地生成异常对象。如：

IOException e=new IOException();

throw e;

创建一个 IOException 类型的对象，并生成该对象。

注意区分 throws 和 throw 这两个关键字，throws 用在方法声明的后面，表明该方法声明抛弃异常，不对该异常进行处理；throw 用在方法体内，表明显式地生成一个异常对象，跟 Java 虚拟机产生的异常对象或创建 FileReader 类的对象时产生的异常对象一样。

【例题 7.10】

```
class ThrowsDemo{
    static void throwOne(int i) throws ArithmeticException{
        if(i = = 0){
            throw new ArithmeticException("i 值为零");
        }
    }
    public static void main(String args[]){
        try{
            throwOne(0);
        }catch(ArithmeticException e){
            System.out.println("已捕获到异常错误:" + e.getMessage());
        }
    }
}
```

上例中的 throws 子句表明 throwOne(int i)方法不对 ArithmeticException 异常类型进行处理，声明抛弃 ArithmeticException 异常。

在 throwOne(int i)方法体内的 throw 语句表明，如果 i==0，则生成一个 ArithmeticException 类型的异常对象。

编译、运行程序，结果如下。

```
c:\ch7>javac ThrowsDemo.java
c:\ch7>java ThrowsDemo
已捕获到异常错误:i 值为零
```

7.7 自定义异常

在编写程序时，可以扩展 Exception 类定义自己的异常类，然后根据程序的需要来规定哪些方法产生这样的异常。

自定义异常类的语法格式为：

```
class 自定义异常类名 extends Exception{
}
```

自定义的异常类一般不继承于 Error 类及子类，但可以继承于 Exception 类及子类。当其继承于 RuntimeException 类时，程序中可以不处理；当其继承于非运行时例外类时，要求必须在程序中进行处理。

使用自定义异常的步骤如下。

①首先通过继承 java. lang. Exception 类声明自定义的异常类。

②在方法的声明部分用 throws 语句声明该方法可能抛出的异常。

③在方法体的适当位置创建自定义异常类的对象，并用 throw 语句生成异常。

④调用该方法时对可能产生的异常进行捕获，并处理异常。

【例题 7. 11】

自定义一个异常类，输入一个 10 以内的数，如果输入的数大于 10，则捕获异常。

```
class MyException extends Exception{
    private int detail;
    MyException(int a){
        detail = a;
    }
    public String getMessage(){
        return "MyException[" + detail + "]";
    }
}
class MyExceptionDemo{
    static void compute(int a) throws MyException{
        if(a>10){
            throw new MyException(a);
        }
    }
    public static void main(String args[]){
        try{
            compute(1);
            compute(20);
        }catch(MyException e){
            System.out.println("捕获" + e.getMessage());
        }
    }
}
```

编译、运行程序，结果如下。

```
c:\ch7>javac MyExceptionDemo.java
c:\ch7>java MyExceptionDemo
捕获 MyException[20]
```

【例题 7.12】

在银行的交易中,收入和支出,这两个数不能是同号,否则出错。

```
class BankException extends Exception{
    String message;
    public BankException(int m,int n){
        message="入账资金"+m+"是负数或支出"+n+"是正数,不符合系统要求.";
    }
    public String warnMess(){
        return message;
    }
}
class Bank{
    int money;
    public void income(int in,int out) throws BankException{
        if(in<=0||out>=0||in+out<=0){
            throw new BankException(in,out); //方法抛出异常,导致方法结束
        }
        int netIncome=in+out;
        System.out.printf("本次计算出的纯收入是:%d元\n",netIncome);
        money=money+netIncome;
    }
    public int getMoney(){
        return money;
    }
}
public class BankExceptionDemo{
    public static void main(String args[]){
        Bank bank=new Bank();
        try{
            bank.income(200,-100);
            bank.income(300,-100);
            bank.income(400,-100);
            System.out.printf("银行目前有%d元\n",bank.money);
            bank.income(200,100); //发生BankException异常,转向去执行catch
            bank.income(99999,-100); //没有机会被执行
        }catch(BankException e){
            System.out.println("计算收益的过程出现如下问题:");
```

```
                System.out.println(e.warnMess());
            }
            System.out.printf("银行目前有%d元\n",bank.money);
        }
    }
```

编译、运行程序，结果如下。

```
c:\ch7>javac BankExceptionDemo.java
c:\ch7>java BankExceptionDemo
本次计算出的纯收入是:100元
本次计算出的纯收入是:200元
本次计算出的纯收入是:300元
银行目前有600元
计算收益的过程出现如下问题:
入账资金200是负数或支出100是正数,不符合系统要求.
银行目前有600元
```

课堂练习7.3

写出下面程序的运行结果。

```
class InvalidIndexException extends Exception{
    private int i;
    InvalidIndexException(int a){
        i=a;
    }
    public String toString(){
        return i+"is out of boundary --0<i<8";
    }
}
class Test{
    public static String giveName(int d)throws InvalidIndexException{
        String name;
        switch(d){
            case 1:name="Monday";break;
            case 2:name="Tuesday";break;
            case 3:name="Wednesday";break;
            case 4:name="Thursday";break;
```

```
            case 5:name = "Friday";break;
            case 6:name = "Saturday";break;
            case 7:name = "Sunday";break;
            default:throw new InvalidIndexException(d);
        }
        return name;
    }
    public static void main(String args[]){
        try{
            for(int i = 1;i<9;i + + ){
                System.out.println(i + "- -" + giveName(i));
            }
        }catch(InvalidIndexException e){
            System.out.println(e.toString());
        }finally{
            System.out.println("These days makes up a week.");
        }
    }
}
```

习 题 7

1. 写出下面程序的运行结果。

```
class MyException extends Exception{
    String message;
    MyException(String str){
        message = str;
    }
    public String getMessage(){
        return message;
    }
}
abstract class A{
    abstract int f(int x,int y) throws MyException;
}
class B extends A{
    int f(int x,int y) throws MyException{
```

```
            if(x>99||y>99){
                throw new MyException("乘数超过 99");
            }
            return x * y;
        }
    }
    public class Test{
        public static void main(String args[]){
            A a;
            a = new B();
            try{
                System.out.println(a.f(12,8));
                System.out.println(a.f(120,3));
            }catch(MyException e){
                System.out.println(e.getMessage());
            }
        }
    }
```

2. 如果 ResourceSome 与 ResourceOther 都操作了 AutoCloseable 接口，那么执行完 try 后会先关闭哪个资源？

```
    public class Main{
        public static void main(String args[]){
            try(ResourceSome some = new ResourceSome();
                ResourceOther some = new ResourceOther()){
                ...
            }
        }
    }
```

3. 按照要求编写程序：

键盘输入一个浮点数后，程序判断该浮点数由多少位数字组成，并分别输出整数部分、小数部分以及整数部分共有多少位数字、小数部分共有多少位数字。

注意：若输入非浮点数，如 3me，则捕获异常，提示输入错误。

4. 指出下面程序的运行结果。

```
    public class Test{
        public static void main_createException(){
            throw new ArrayIndexOutOfBoundsException();
        }
```

```
    public static void mb_method(){
        try{
            mb_createException();
            System.out.print("a");
        }catch(ArithmeticException e){
            System.out.print("b");
        }finally{
            System.out.print("c");
        }
        System.out.print("d");
    }
    public static void main(String args[]){
        try{
            mb_method();
        }catch(Exception e){
            System.out.print("m");
        }
        System.out.print("n");
    }
}
```

5. 从命令行输入 5 个整数，放入 1 个整型数组，然后打印输出。要求：如果输入的数据不是整数，则捕获 Integer. parseInt()产生的 NumberFormatException 异常，显示“请输入整数”；如果输入数组元素不足 5 个，则捕获数组越界异常 ArrayIndexOutOfBoundsException，显示“请输入至少 5 个整数”。

6. 自定义两个异常类 NumberTooBigException 和 NumberTooSmallException，在其中定义各自的构造方法，分别打印输出“发生数字太大异常”和“发生数字太小异常”。然后在主类中定义一个带 throws 的方法 numberException(int x)，当 x>100 时，通过 throw 抛出 NumberTooBigException 异常，当 x<0 时通过 throw 抛出 NumberTooSmallException 异常；最后在 main( )方法中调用该方法，实现从键盘中输入一个整数，如果输入的是负数，则引发 NumberTooSmallException 异常，如果输入的数大于 100，则引发 NumberTooBigException 异常，否则输出“没有发生异常”。

第8章 输入/输出流

当程序需要读取数据时，就会开启一个通向数据源的流，这个数据源可以是文件、内存，或是网络连接。类似地，当程序需要写出数据的时候，就会开启一个通向目的地的流。如图8-1所示，可以将流想象成水管，将数据想象成水，如果应用程序Program需要读入数据information，就需要在数据源Source和Program之间建立输入管道（输入流），通过管道输入数据；如果应用程序Program需要写出数据information，就需要在Program和目的地dest之间建立输出管道（输出流），通过管道输出数据。

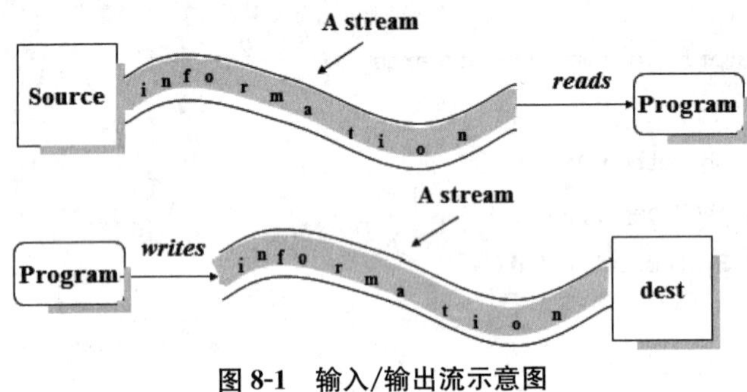

图8-1 输入/输出流示意图

8.1 I/O流层次

java.io包提供了大量的流类来实现输入、输出处理，字节输入/输出流继承层次如图8-2所示，字符输入/输出流继承层次如图8-3所示。

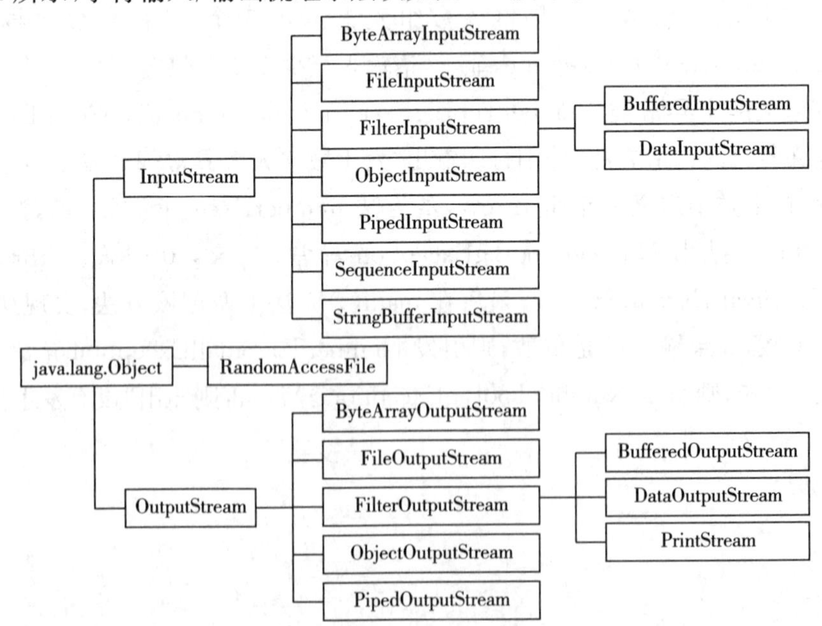

图8-2 字节输入/输出流继承层次图

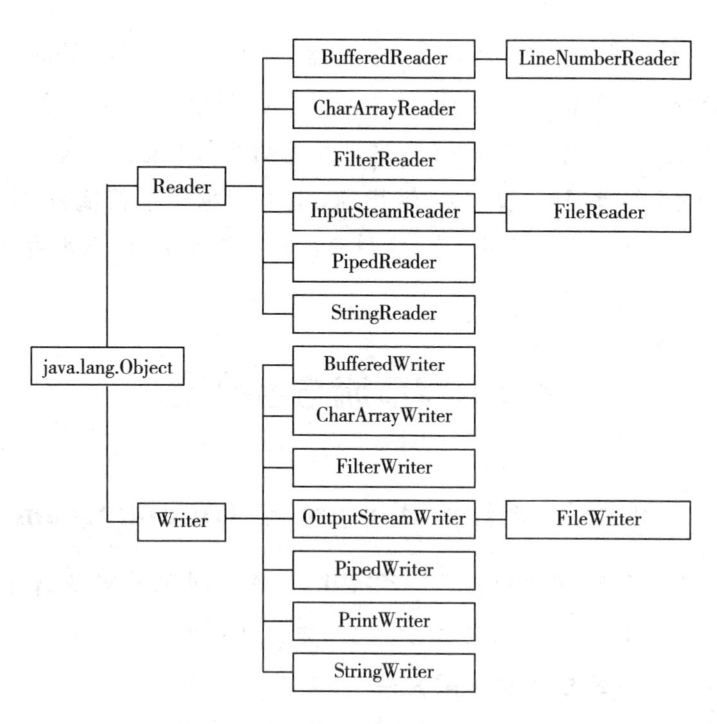

图 8-3 字符输入/输出流继承层次图

Java 将 InputStream 抽象类的子类创建的流对象称作"字节输入流"，OutputStream 抽象类的子类创建的流对象称作"字节输出流"，将 Reader 抽象类的子类创建的流对象称作"字符输入流"，将 Writer 抽象类的子类创建的流对象称作"字符输出流"。字节流以字节作为基本处理单元，字符流以 16 位的 Unicode 码表示的字符作为基本处理单位。

其中，字节输入/输出流的子类 FileInputStream、FileOutputStream 以及字符输入/输出流的子类 FileReader、FileWriter 负责文件的输入/输出处理；字节输出流的子类 PrintStream 以及字符输出流的子类 PrintWriter 负责打印输出，在控制台窗口输出信息的 System. out 就是 PrintStream 类的对象，其具有输出各类型数据的能力；字节输入/输出流的子类 ByteArrayInputStream、ByteArrayOutputStream 以及字符输入/输出流的子类 CharArrayReader、CharArrayWriter，负责与内存数据的交互，称之为"数组流"。

除此之外，还有一些输入/输出流的子类，称之为"装饰器"(Decorator)，它们本身并没有改变输入、输出的行为，只不过在 InputStream 或 Reader 取得数据之后，再做些加工处理，或者是在输出时做一些加工处理，再交由 OutputStream 或 Writer 真正进行输出。字节输入/输出流的子类 BufferedInputStream、BufferedOutputStream 以及字符输入/输出流的子类 BufferedReader、BufferedWriter 具备缓冲区作用，称之为"缓冲流"；字节输入/输出流的子类 DataInputStream、DataOutputStream 具有数据转换作用，称之为“数据流”；字节输入/输出流的子类 ObjectInputStream、ObjectOutputStream 具备对象串行化能力，称之为“对象流”。这些流类由于是装饰器，所以也称之为“上层流”，它们需要以底层流为基础而构建。

还有一个既不继承于字节输入/输出流，也不继承于字符输入/输出流的类为 RandomAccessFile，称之为“随机流”。它具有读写操作能力，即该水管既可以进水也可以出水，不同于以上的所有流类。

8.2 字节流与字符流

8.2.1 字节流抽象类 InputStream 与 OutputStream

这两个类是抽象类，只是提供了一系列用于字节流处理的接口，不能生成这两个类的实例，只能通过使用由它们派生出来的子类对象来处理字节流。

1. InputStream 类提供的常用方法

(1)int read()

从输入流中读取下一个字节，返回的是 0 和 255 之间的一个整数，如果未读出字节就返回－1。

(2)int read(byte b[])

从输入流中读取长度为 b.length 的数据，写入字节数组 b，返回读取的字节数。如果到达文件末尾，则返回－1。

(3)int read(byte b[], int off,int len)

从输入流中读取长度为 len 的数据，写入字节数组 b 中从索引 off 开始的位置，并返回读取的字节数。如果到达文件末尾，则返回－1。

(4)long skip(long n)

输入流的当前读取位置向前移动 n 字节，并返回实际跳过的字节数。

(5)int available()

输入流中可以不受阻塞地读取的字节数。

(6)void close()

关闭流并且释放与该流相关的系统资源。

2. OutputStream 类提供的常用方法

(1)void write(int b)

将指定的字节 b 写入输出流。

(2) void write(byte b[])

把字节数组 b 中 b. length 个字节写入输出流。

(3)void write(byte b[],int off,int len)

把字节数组 b 中从索引 off 开始的 len 个字节写入输出流。

(4)flush()

刷空输出流并强制写出所有缓冲的输出字节。

(5)close()

关闭流并且释放与该流相关的系统资源。

8.2.2 字符流抽象类 Reader 与 Writer

这两个类是抽象类,只是提供了一系列用于字符流处理的接口,不能生成这两个类的实例,只能通过使用由它们派生出来的子类对象来处理字符流。

1. InputStream 类提供的常用方法

(1)int read()

从输入流中读取下一个字符,返回范围是 0~65535 之间的一个整数,如果未读出字符,则返回-1。

(2)int read(byte b[])

从输入流中读取长度为 b. length 的数据,写入字符数组 b,返回读取的字符数。如果到达文件末尾,则返回-1。

(3)int read(byte b[], int off,int len)

从输入流中读取长度为 len 的数据,写入字符数组 b 中从索引 off 开始的位置,并返回读取的字符数。如果到达文件末尾,则返回-1。

(4)long skip(long n)

输入流的当前读取位置向前移动 n 个字符,并返回实际跳过的字符数。

(5)void close()

关闭流并且释放与该流相关的系统资源。

2. OutputStream 类提供的常用方法

(1)void write(int b)

将指定的字符 b 写入输出流。

(2) void write(byte b[])

把字符数组 b 中 b. length 个字符写入输出流。

(3)void write(byte b[],int off,int len)

把字符数组 b 中从索引 off 开始的 len 个字符写入输出流。

(4)flush( )

刷空输出流并强制写出所有缓冲的输出字符。

(5)close( )

关闭流并且释放与该流相关的系统资源。

8.3 文件流

由于应用程序经常需要和文件打交道，因此，需要了解如何获取文件的一些属性、如何从文件中读取数据、如何将数据输出到文件。

8.3.1 文件类

java. io. File 类是 java. lang. Object 的子类，它提供了一些构造方法以创建文件，并且提供了一些方法以获取文件本身的一些信息。

1. 构造方法

(1)File(File parent,String child)

根据 parent 抽象路径名和 child 路径名字符串创建一个新 File 实例。

(2)File(String pathname)

通过将给定路径名字符串转换成抽象路径名来创建一个新 File 实例。

(3)File(String parent,String child)

根据 parent 路径名字符串和 child 路径名字符串创建一个新 File 实例。

2. 有关文件名的方法

(1)String getName( )

得到文件的名称(不包括路径)。

(2)String getPath( )

得到文件的相对路径。

(3)String getAbsolutePath( )

得到文件的绝对路径。

(4)String getParent( )

得到文件的上一级目录名。

(5)String renameTo(File newName)

将当前文件名更名为给定文件的完整路径。

3. 有关文件属性的方法

(1)boolean exists( )

测试当前 File 对象所指示的文件是否存在。

(2) boolean canWrite()

测试当前文件是否可写。

(3)boolean canRead()

测试当前文件是否可读。

(4)boolean isFile()

测试当前文件是否是文件。

(5)boolean isDirectory()

测试当前文件是否是目录。

(6)long lastModified( )

得到文件最近一次修改的时间。

(7)long length( )

以字节为单位得到文件的长度。

(8)boolean createNewFile()

创建文件。

(9)boolean delete( )

删除当前文件。

【例题 8.1】

```
import java.io.*;
public class FileAttrDemo{
    public static void main(String args[]){
        File f = new File("C:\ch8","FileAttrDemo.java");
        System.out.println(f.getName() +"是可读的吗:" + f.canRead());
        System.out.println(f.getName() +"的长度:" + f.length());
        System.out.println(f.getName() +"的绝对路径:" + f.getAbsolutePath());
        File file = new File("new.txt");
        System.out.println("在当前目录下创建新文件" + file.getName());
        if(!file.exists()){
            try{
                file.createNewFile();
                System.out.println("创建成功");
            }
```

```
                catch(IOException exp){
                }
            }
        }
    }
```

编译、运行程序，结果如下。

```
c:\ch8>javac FileAttrDemo.java
c:\ch8>java FileAttrDemo
FileAttrDemo.java 是可读的吗:true
FileAttrDemo.java 的长度:579
FileAttrDemo.java 的绝对路径:C:\ch8\FileAttrDemo.java
在当前目录下创建新文件 new.txt
创建成功
```

4. 有关目录的方法

(1)boolean mkdir();

根据当前对象生成一个由该对象指定路径的目录。

(2)String list(FilenameFilter filter);

列出当前目录下匹配文件名模式的文件。

【例题 8.2】

列出当前目录下全部 java 文件的名字。

```
import java.io.*;
public class ListFileDemo{
    public static void main(String args[]){
        File dir = new File(".");
        FileAccept fileAccept = new FileAccept();
        fileAccept.setExtendName("java");
        String fileName[] = dir.list(fileAccept);
        for(String name:fileName){
            System.out.println(name);
        }
    }
}
class FileAccept implements FilenameFilter{
    private String extendName;
```

```
        public void setExtendName(String s){
            extendName = "." + s;
        }
        public boolean accept(File dir,String name){
            return name.endsWith(extendName);
        }
    }
```

如果 File 对象是一个目录，那么该对象可以调用下述方法列出该目录下的文件和子目录。

• String[] list()：以字符串形式返回目录下的全部文件。

• File[] listFiles()：以 File 对象形式返回目录下的全部文件。

当需要列出目录下指定类型的文件时，如.java、.txt 等扩展名的文件，可以使用下述两个方法，列出指定类型的文件。

• String[] list(FilenameFiter obj)：该方法以字符串形式返回目录下指定类型的所有文件。

• File[] listFiles(FilenameFilter obj)：该方法以 File 对象形式返回目录下指定类型的所有文件。

上述两个方法的参数 FilenameFilter 是一个接口，该接口有一个抽象方法：

boolean accept(File dir,String name);

使用 list 方法时，需要向该方法传递一个实现 FilenameFilter 接口的类对象，list 方法执行时，参数 obj 回调接口方法 accept(File dir,String name)，该方法中的参数 dir 为调用 list 的当前目录，参数 name 代表实例化目录中的一个文件名，当接口方法返回 true 时，list 方法就将名字为 name 的文件存放到返回的数组中。

【例题 8.3】

使用 Rumtime 对象打开 Windows 平台上的记事本程序和浏览器。

```
import java.io.*;
public class OpenApplicationDemo{
    public static void main(String args[]){
        try{
            Runtime ce = Runtime.getRuntime();
            File file = new File("c:\\windows","Notepad.exe");
            System.out.println(file.getAbsolutePath());
            ce.exec(file.getAbsolutePath());
            file = new File("C:\\Program Files\\Internet Explorer","IEXPLORE www.sohu.com");
            System.out.println(file.getAbsolutePath());
            ce.exec(file.getAbsolutePath());
```

```
        }catch(Exception e){
            System.out.println(e);
        }
    }
}
```

当要执行一个本地机器上的可执行文件时，可以使用 java. lang 包中的 Runtime 类。首先使用 Runtime 类声明一个对象，然后使用该类的 getRuntime()静态方法创建这个对象。如：

Runtime ec=Runtime. getRuntime();

ec 可以调用 exec(String command)方法打开本地机器上的可执行文件或执行一个操作。

8.3.2 文件字节流

类 FileInputStream 和 FileOutputStream 用来进行文件 I/O 处理，由它们所提供的方法可以打开本地主机上的文件，并进行顺序的字节读/写操作。类 FileInputStream 是 InputStream 字节输入流的子类，类 FileOutputStream 是 OutputStream 字节输出流的子类。

(1)读取文件

【例题 8.4】

使用文件字节输入流读取文件，将文件的内容输出到屏幕。

```
import java.io.*;
public class ReadByteDemo{
    public static void main(String args[]){
        FileInputStream in = null;
        try{
            int n = -1;
            byte[] a = new byte[100];
            in = new FileInputStream("ReadByteDemo.java");
            while((n = in.read(a,0,100))! = -1){
                String s = new String(a,0,n);
                System.out.print(s);
            }
        }catch(FileNotFoundException e){
            System.out.println("File can not find Error:" + e);
        }catch(IOException e){
```

```
            System.out.println("File read Error:" + e);
        }finally{
            try{
                in.close();
            }catch(IOException e){
                System.out.println("File close Error:" + e);
            }
        }
    }
}
```

FileInputStream 类提供了以下两个构造方法用来创建文件输入字节流对象。

FileInputStream(String name);

FileInputStream(File file);

第一个构造方法使用给定的文件名 name 创建一个 FileInputStream 对象,第二个构造方法使用 File 对象创建 FileInputStream 对象。参数 name 和 file 指定的文件称作“输入流的源”,输入流通过调用 read 方法读取源中的数据。

当使用文件输入流构造方法建立通往文件的输入流时,可能会出现异常。例如,如果试图打开的文件不存在,程序就会生成一个 FileNotFoundException 异常对象;如果在读取数据的过程中,文件被移走,程序就会生成一个 IOException 异常对象。对于这些异常,程序必须在 try-catch-finally 语句中的 try 块部分创建输入流对象,在 catch 块部分检测并处理这个异常,在 finally 块部分关闭打开的输入流。当然,也可以使用 try-with-resources 语句自动关闭输入流。

【例题 8.5】

```
import java.io.*;
public class NewReadByteDemo{
    public static void main(String args[]){
        try(FileInputStream in = new FileInputStream("ReadByteDemo.java")){
            int n = -1;
            byte[] a = new byte[100];
            while((n = in.read(a,0,100))!= -1){
                String s = new String(a,0,n);
                System.out.print(s);
            }
        }catch(FileNotFoundException e){
            System.out.println("File can not find Error:" + e);
```

```
        }catch(IOException e){
            System.out.println("File read Error:" + e);
        }
    }
}
```

(2)写入文件

【例题8.6】

使用文件字节输入流读取文件，并使用文件字节输出流输出到文件中。

```
import java.io.*;
public class ReadWriteByteDemo{
    public static void main(String args[]){
        try(FileInputStream in = new FileInputStream("ReadWriteByteDemo.java");
            FileOutputStream out =
                new FileOutputStream("ReadWriteByteDemo_Output.java")){
            int n = -1;
            byte[] a = new byte[100];
            while((n = in.read(a,0,100))! = -1){
                String s = new String(a,0,n);
                System.out.print(s);
                out.write(a,0,n);
            }
        }catch(FileNotFoundException e){
            System.out.println("File can not find Error:" + e);
        }catch(IOException e){
            System.out.println("File read Error:" + e);
        }
    }
}
```

FileOutputStream 类提供了以下三个构造方法用来创建指向该文件的文件字节输出流。

FileOutputStream(File file);

FileOutputStream(String name);

FileOutputStream(String name,boolean append);

第一个构造方法使用 File 对象作为目的地创建 FileOutputStream 对象；第二个构造方法使用给定的文件名 name 作为目的地创建一个 FileOutputStream 对象；第三个构造方法通过参数 append 确定写入的内容是追加还是覆盖。当 append 为 true

时，表示追加，写入的数据将被添加到文件已有内容的末尾处；当 append 为 false 时，表示覆盖，写入的数据将覆盖文件已有内容。当不使用参数 append 时，默认采用 append 为 false 的方式。

FileOutputStream 流的目的地是文件，所以文件输出流调用 write(byte b[])方法把字节写入文件。FileOutputStream 流顺序地向文件写入内容，即只要不关闭流，每次调用 write 方法就顺序地向文件写入内容，直到流被关闭。

【例题 8.7】

将字符串写入文件。

```
import java.io.*;
public class WriteStrDemo{
    public static void main(String args[]){
        try(FileOutputStream out = new FileOutputStream("WriteStrDemo_Output.
        java")){
            String str ="Write File using Java FileOutputStream example!";
            out.write(str.getBytes());
        }catch(FileNotFoundException e){
            System.out.println("File can not find Error:" + e);
        }catch(IOException e){
            System.out.println("File read Error:" + e);
        }
    }
}
```

8.3.3 文件字符流

字节输入流的 read 方法和输出流的 write 方法分别使用字节数组读/写数据，即以字节为基本单位处理数据。因此，字节流不能很好地操作 Unicode 字符。例如，一个汉字在文件中占用 2 个字节，如果使用字节流，读取不当就会出现“乱码”现象。

类 FileReader 和 FileWriter 用来进行文件 I/O 处理，由它们所提供的方法可以打开本地主机上的文件，并顺序地进行字符读/写。类 FileReader 是 Reader 字符输入流的子类，类 FileWriter 是 Writer 字符输出流的子类。

构造方法如下：

- FileReader(String filename)；
- FileReader(File filename)；
- FileWriter(String filename)；
- FileWriter(File filename)。

字符输入流的 read 方法和输出流的 write 方法分别使用字符数组读/写数据，即以字符为基本单位处理数据。

【例题 8.8】

使用文件字符输入流读取文件，并使用文件字符输出流输出到文件中。

```
import java.io.*;
public class ReadWriteCharDemo{
    public static void main(String args[]){
        try(FileReader in = new FileReader("ReadWriteCharDemo.java");
            FileWriter out = new FileWriter("ReadWriteCharDemo_Output.java")){
            int n = -1;
            char [] a = new char[100];
            while((n = in.read(a, 0, 100))! = -1){
                String s = new String (a,0,n);
                System.out.print(s);
                out.write(a,0,n);
            }
        }catch(FileNotFoundException e){
            System.out.println("File can not find Error:" + e);
        }catch(IOException e){
            System.out.println("File read Error:" + e);
        }
    }
}
```

【例题 8.9】

使用字符输出流将一段文字存入文件，然后再使用字符输入流读取文件。

```
import java.io.*;
public class ReadWriteStringDemo{
    public static void main(String args[]){
        File f = new File("ReadWriteStringDemo_Output.java");
        try(FileWriter out = new FileWriter(f);
            FileReader in = new FileReader(f)){
            String content = " Write File using Java FileReader example!";
            char [] a = content.toCharArray();
            out.write(a,0,a.length);
            out.flush();
            char tom[] = new char[10];
            int n = -1;
```

```
                while((n = in.read(tom,0,10))! = -1){
                    String s = new String (tom,0,n);
                    System.out.print(s);
                }
            }catch(FileNotFoundException e){
                System.out.println("File can not find Error:" + e);
            }catch(IOException e){
                System.out.println("File read Error:" + e);
            }
        }
    }
```

注意:对于输出流,由于 write 方法首先将数据写入缓冲区,每当缓冲区溢出或者关闭流时,会将缓冲区中的内容真正写入目的地,因此,如果在关闭流之前需要读取数据,必须手动调用 flush()方法将当前缓冲区的内容写入目的地,否则读取不到内容。因此,out.flush()必不可少。

8.4 数组流

流的源和目标除了可以是文件外,还可以是计算机内存。

1. 字节数组流

字节数组输入流 ByteArrayInputStream 和字节数组输出流 ByteArrayOutputStream 分别使用字节数组作为流的源和目标。

ByteArrayInputStream 的构造方法如下。

ByteArrayInputStream(byte[] buf);

ByteArrayInputStream(byte[] buf,int offset,int length);

第一个构造方法构造的字节数组流的源是参数 buf 指定的数组的全部字节单元,第二个构造方法构造的字节数组流的源是 buf 指定的数组从 offset 处按顺序取 length 个字节单元。

字节数组输入流调用方法为:

int read()

可以顺序地从源中读出一个字节,该方法返回读出的字节值,调用方法如下:

int read(byte[] b,int off,int len)

可以顺序地从源中读出参数 len 指定的字节数,并将读出的字节存放到参数 b 指定的数组中,参数 off 指定数组 b 存放读出字节的起始位置,该方法返回实际读出的字节个数。如果未读出字节,则 read 方法返回-1。

ByteArrayOutputStream 流的构造方法如下：

ByteArrayOutputStream()

ByteArrayOutputStream(int size)

第一个构造方法构造的字节数组输出流指向一个默认大小为 32 字节的缓冲区，如果输出流向缓冲区写入的字节个数大于缓冲区，缓冲区的容量会自动增加。第二个构造方法构造的字节数组输出流指向的缓冲区的初始大小由参数 size 指定，如果输出流向缓冲区写入的字节个数大于缓冲区，缓冲区的容量会自动增加。

字节数组输出流调用方法为：

void write(int b)

可以顺序地向缓冲区写入一个字节，调用方法为：

void write(byte[] b,int off,int len)

可以将参数 b 中指定的 len 个字节顺序地写入缓冲区，参数 off 指定从 b 中写出的字节的起始位置；调用方法

byte[] toByteArray()

可以返回输出流写入缓冲区的全部字节。

2. 字符数组流

与字节数组流对应的是字符数组流 CharArrayReader 和 CharArrayWriter 类，字符数组流分别使用字符数组作为流的源和目标。

【例题 8.10】

使用字节数组输入流将字符串 abcdefghijk 转换成大写字母，并输出。

```
import java.io.*;
public class ByteArrayInputStreamDemo{
    public static void main(String args[]) throws IOException {
        String str = "abcdefghijk";
        byte[] strBuf = str.getBytes(); //将字符串转换成字节数组
        ByteArrayInputStream bais = new ByteArrayInputStream(strBuf);
        int data = bais.read(); //从字节数组输入流读取字节
        while(data! = -1){
            char upper = Character.toUpperCase((char)data);
            System.out.print(upper + " ");
            data = bais.read();
        }
        bais.close();
    }
}
```

【例题 8.11】

分别使用字节数组流和字符数组流向内存写入“新年快乐”和“恭喜发财”，再从内存读取写入的数据。

```
import java.io.*;
public class ArrayOutputDemo{
    public static void main(String args[]){
        try{
            ByteArrayOutputStream outByte = new ByteArrayOutputStream();
            byte [] byteContent = "新年快乐".getBytes();
            outByte.write(byteContent);
            ByteArrayInputStream inByte = new ByteArrayInputStream(outByte.
              toByteArray());
            byte backByte [] = new byte[outByte.toByteArray().length];
            inByte.read(backByte);
            System.out.println(new String(backByte));

            CharArrayWriter outChar = new CharArrayWriter();
            char [] charContent = "恭喜发财".toCharArray();
            outChar.write(charContent);
            CharArrayReader inChar = new CharArrayReader(outChar.toCharArray());
            char backChar [] = new char[outChar.toCharArray().length];
            inChar.read(backChar);
            System.out.println(new String(backChar));
        }catch(IOException exp){
        }
    }
}
```

8.5　打印输出流

字节输出流的子类 PrintStream 以及字符输出流的子类 PrintWriter 为打印输出流，它们都提供了各种重载的 print( )、println( )、printf( )方法以打印输出。标准输出流 System.out 就是 PrintStream 类的对象，它负责在控制台窗口输出信息。

System.out 对象是系统提供 PrintStream 类的对象，也可以利用 PrintStream

的构造方法创建打印输出流对象，并打印输出数据。PrintStream 类提供的构造方法包括：

①public PrintStream(OutputStream out)

②public PrintStream(OutputStream out, boolean autoFlush)

③public PrintStream(StringfileName) throws FileNotFoundException

其中，参数 out 或 fileName 指定输出文件，参数 autoFlush 指定是否采用自动强制输出特性，默认为 false，即不采用自动强制输出特性。

通过构造方法创建的打印输出流对象在使用完后需要调用 close( )进行关闭并释放系统资源。

【例题 8.12】

```
import java.io.*;
public class PrintStreamDemo{
    public static void main(String args[]){
        try{
            PrintStream f = new PrintStream("out.txt");
            f.println("Hello World!");
            f.close();
        }catch(FileNotFoundException e){
            e.printStackTrace();
        }
    }
}
```

程序以 out.txt 文件构建打印输出字节流，并调用 println( )方法在文件中输出“Hello World!”。

PrintWriter 类与 PrintStream 类非常相似，只是后者是字节流，而前者是字符流。这两个类的大部分成员方法不会抛出异常，而且具有丰富的输出手段。

在这里顺便介绍下标准输入/输出流的重定向，类 java.lang.System 含有三个静态成员变量(如表 8-1 所示)，分别如下。

(1)System.in 标准输入流

主要用来接受键盘的输入，属于 java.io.InputStream 类型。

(2)System.out 标准输出流

主要用来在控制台窗口输出信息，属于 java.io.PrintStream 类型。

(3)System.err 标准错误输出流

主要用来在控制台窗口中输出错误提示信息，属于 java.io.PrintStream 类型。

表 8-1 标准输入/输出流

属 性	类 型	变 量	说 明
static	java. io. InputStream	System. in	标准输入流
static	java. io. PrintStream	System. out	标准输出流
static	java. io. PrintStream	System. err	标准错误输出流

java. lang. System 提供了 setIn()、setOut()、setErr()方法可以将标准输入流、标准输出流、标准错误输出流进行重定向。

【例题 8.13】

将标准输入流 System. in 重定向到指定文件。

```
import java.io.*;
import java.util.Scanner;
public class InRedirectionDemo{
    public static void main(String args[]){
        try{
            System.setIn(new FileInputStream("InRedirectionDemo.java"));
            Scanner scanner = new Scanner(System.in);
            while(scanner.hasNextLine()){
                System.out.println(scanner.nextLine());
            }
        }catch(FileNotFoundException e){
            System.out.println("File can not find Error:" + e);
        }
    }
}
```

如果没有将标准输入流 System. in 重定向，则程序会从键盘接受输入，并打印输出。通过 System. setIn( )方法，将 System. in 标准输入设备重定向为文件，程序从文件接受输入并打印输出。

【例题 8.14】

将标准输出流 System. out 重定向到 out. txt 文件。

```
import java.io.*;
public class OutRedirectionDemo{
    public static void main(String args[]){
        try(FileInputStream in = new FileInputStream("OutRedirectionDemo.java")){
            System.setOut(new PrintStream("out.txt"));
            int n = -1;
            byte[] a = new byte[100];
```

```
            while((n = in.read(a,0,100))! = -1){
                String s = new String(a,0,n);
                System.out.print(s);
            }
        }catch(FileNotFoundException e){
            System.out.println("File can not find Error:" + e);
        }catch(IOException e){
            System.out.println("File read Error:" + e);
        }
    }
}
```

运行程序，System.out.print输出的内容并没有显示在计算机屏幕上，而是写入了out.txt中，实现了重定向。

以上介绍的是通过编写程序实现重定向。重定向还可以通过在命令行中加上适当的参数来实现。例如，上面的例子，注释掉语句“System.setOut(new PrintStream("out.txt"));”后，再通过下面的命令可以得到相同的结果。

java OutRedirectionDemo>out.txt

重定向的命令格式如下：

java 文件名 0<标准输入流对应的文件名 1>标准输出流对应的文件名 2>标准错误输出流对应的文件名

8.6 缓冲流

BufferedInputStream和BufferedOutputStream类创建的对象称作缓冲输入、输出字节流。BufferedReader和BufferedWriter类创建的对象称作缓冲输入、输出字符流。

它们的功能类似，下面仅以BufferedReader和BufferedWriter为例进行介绍。BufferedReader和BufferedWriter通过在内存开辟缓存，存放数据流中的数据，以较大数据块读取或写入文件，增强了读写文件的能力，同时提供以字符为单位按行读取或写入数据的方法。

(1)BufferedReader和BufferedWriter的构造方法

BufferedReader(Reader in)

BufferedWriter(Writer out)

(2)BufferedReader类提供的方法

String readLine() //读取一行数据

(3)BufferedWriter 类提供的方法

writeLine(String s,int off,int len)//写入一行数据

newLine()//写入一个换行符

例如：

FileReader inOne=new FileReader("a. txt")；

BufferedReader inTwo=new BufferedReader(inOne)；

String strLine=inTwo. readLine()；

例如：

FileWriteroutOne=new FileWriter("b. txt")；

BufferedWriter outTwo=new BufferedWriter(outOne)；

outTwo. write ("hello")；

outTwo. newLine()；

BufferedReader 和 BufferedWriter 称作“上层流”，它们指向的字符流称作底层流。Java 采用缓存技术将上层流和底层流连接。底层字符输入流首先将数据读入缓存，BufferedReader 流再从缓存读取数据；BufferedWriter 流将数据写入缓存，底层字符输出流会不断地将缓存中的数据写入目的地。当 BufferedWriter 流调用 flush()刷空缓存或调用 close()方法关闭流时，即使缓存没有溢出，底层流也会立刻将缓存的内容写入目的地，如图 8-4 所示。

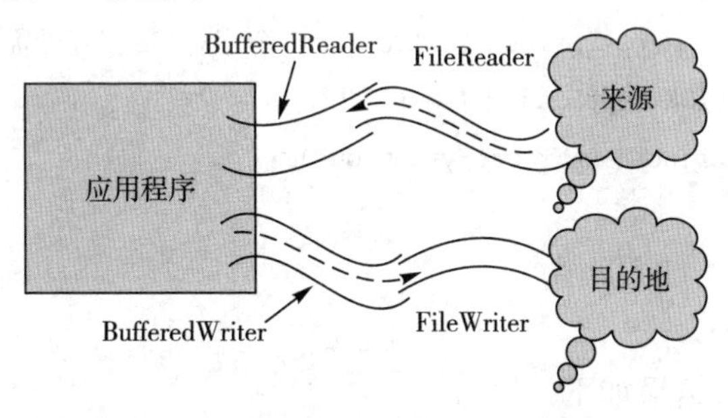

图 8-4 缓冲输入/输出流示意图

通过下面的例子，给出 BufferReader 高效性的验证。

【例题 8.15】

```
import java.io.*;
import java.util.Date;
public class BufferedReaderEffective{
    public static void main(String args[]){
        try(FileReader reader = new FileReader("BufferedReaderEffective.java")){
                Date d1 = new Date();
                int i = 0;
```

```
            int ch;
            while((ch = reader.read())! = -1){
                i++;
            }
            Date d2 = new Date();
            long t = d2.getTime() - d1.getTime();
            System.out.println("读取" + i + "个字符,不带缓存的需要" + t + "毫秒");
        }catch(IOException e){
            e.printStackTrace(System.out);
        }
        try(FileReader reader = new FileReader("BufferedReaderEffective.java");
            BufferedReader bufferedReader = new BufferedReader(reader)){
            Date d1 = new Date();
            int i = 0;
            int ch;
            while((ch = bufferedReader.read())! = -1){
                i++;
            }
            Date d2 = new Date();
            long t = d2.getTime() - d1.getTime();
            System.out.println("读取" + i + "个字符,带缓存的需要" + t + "毫秒");
        }catch(IOException e){
            e.printStackTrace(System.out);
        }
    }
}
```

编译,运行程序,结果如下。

```
读取 921 个字符,不带缓存的需要 2 毫秒
读取 921 个字符,带缓存的需要 0 毫秒
```

如果读取的文件包含的字符数更多,效果会更明显。读者不妨一试。

【例题 8.16】

使用 LineNumberReader 类将一个文本文件的内容按行读出,每读出一行就顺序添加行号,并写入另一个文件中。(LineNumberReader 是 BufferedReader 的子类,除了继承父类的所有成员方法外,还提供获取行号的成员方法 int getLineNumber())。

```
import java.io.*;
public class LineNumberReaderDemo {
```

```
    public static void main(String args[]){
        try(FileReader reader = new FileReader("LineNumberReaderDemo.java");
            LineNumberReader bufferReader = new LineNumberReader(reader);
            FileWriter writer = new FileWriter("LineNumberReaderDemo_Output.java");
            BufferedWriter bufferWriter = new BufferedWriter(writer)){
            String s = null;
            while((s = bufferReader.readLine())! = null){
                String str = bufferReader.getLineNumber() + s;
                System.out.println(str);
                bufferWriter.write(str);
                bufferWriter.newLine();
            }
        }catch(FileNotFoundException e){
            System.out.println("File can not find Error:" + e);
        }catch(IOException e){
            System.out.println("File read Error:" + e);
        }
    }
}
```

8.7 数据流

DataInputStream 和 DataOutputStream 类创建的对象分别称为“数据输入流”和“数据输出流”。它们是很有用的两个流,允许程序按照机器无关的风格读取 Java 原始数据。也就是说,当读取一个数值时,不必再关心这个数值应当是多少个字节。这两个类都是装饰器,需要通过底层流构建。

1. DataInputStream 和 DataOutputStream 的构造方法

DataInputStream(InputStream in);

创建的数据输入流指向一个由参数 in 指定的底层输入流。

DataOutputStream(OutputStream out);

创建的数据输出流指向一个由参数 out 指定的底层输出流。

2. DataInputStream 和 DataOutputStream 类提供的方法

readBoolean():读取一个布尔值。

readByte():读取一个字节。

readShort():读取一个短整型值。

readChar():读取一个字符。

readInt()：读取一个整型值。
readLong()：读取一个长整型值。
readFloat()：读取一个单精度浮点值。
readDouble()：读取一个双精度浮点值。
readUnsignedByte()：读取一个无符号字节。
readUnsignedShort()：读取一个无符号短整型值。
skipBytes(int n)：跳过给定数量的字节。
writeBoolean(boolean v)：写入一个布尔值。
writeBytes(String s)：以字节形式写入一个字符串。
writeChars(String s)：以字符形式写入一个字符串。
writeDouble(double v)：写入一个双精度浮点值。
writeFloat(float v)：写入一个单精度浮点值。
writeInt(int v)：写入一个整型值。
writeLong(long v)：写入一个长整型值。
writeShort(int v)：写入一个短整型值。
writeUTF(String s)：写入一个 UTF 字符串。
close()：关闭文件。

【例题 8.17】

将几个 Java 类型的数据写到一个文件中，然后再读出来。

```
import java.io.*;
public class DataInputOutputDemo{
    public static void main(String args[]){
        File file = new File("apple.txt");
        try(FileOutputStream fos = new FileOutputStream(file);
            DataOutputStream outData = new DataOutputStream(fos)){
            outData.writeInt(100);
            outData.writeLong(123456);
            outData.writeFloat(3.1415926f);
            outData.writeDouble(987654321.1234);
            outData.writeBoolean(true);
            outData.writeChars("How are you doing ");
        }catch(IOException e){
        }
        try(FileInputStream fis = new FileInputStream(file);
            DataInputStream inData = new DataInputStream(fis)){
            System.out.println(inData.readInt()); //读取 int 数据
```

```
            System.out.println(inData.readLong());//读取 long 数据
            System.out.println(inData.readFloat()); //读取 float 数据
            System.out.println(inData.readDouble()); //读取 double 数据
            System.out.println(inData.readBoolean());//读取 boolean 数据
            char c;
            while((c = inData.readChar())! = '\0'){//'\0'表示空字符
                System.out.print(c);
            }
        }catch(IOException e){
        }
    }
}
```

课堂练习 8.1

写出下面程序的运行结果。

```
import java.io.*;
public class Test {
    public static void main(String args[]) {
        try(
            DataOutputStream dfout = new DataOutputStream(new FileOutputStream("out.txt"));
            DataInputStream dfin = new DataInputStream(new FileInputStream("out.txt"))){
            for(int i = 0;i<4;i + +){
                dfout.writeInt('0' + i);
            }
            for(int i = 0;i<4;i + +){
                System.out.print(dfin.readInt() +",");
            }

        }catch(IOException e){
            e.printStackTrace();
        }
    }
}
```

课堂练习 8.2

将上题的 readInt 改为 readShort,然后写出输出结果。

8.8 对象流

ObjectInputStream 和 ObjectOutputStream 类分别是 InputStream 和 OutputStream 类的子类。ObjectInputStream 和 ObjectOutputStream 类创建的对象称为对象输入流和对象输出流。对象输出流使用 writeObject(Object obj)方法将一个对象写入一个文件，对象输入流使用 readObject()读取一个对象到程序中。这两个类也是装饰器，需要通过底层流构建。

ObjectInputStream 和 ObjectOutputStream 类的构造方法如下。

- ObjectInputStream(InputStream in)
- ObjectOutputStream(OutputStream out)

例如：

```
FileInputStream fileIn=new FileInputStream("tom.txt");
ObjectInputStream objectIn=new ObjectInputStream(fileIn);
FileOutputStream fileOut=new FileOutputStream("tom.txt");
ObjectOutputStream objectOut=new ObjectOutputStream(fileOut);
```

将文件流作为底层流，对象流构造出了上层流。

当使用对象流写入或读入对象时，要保证对象是序列化的。这是为了保证能把对象写入文件，并能再把对象正确读回程序中。

一个类如果实现了 java.io.Serializable 接口，那么这个类创建的对象就是所谓的序列化的对象。Serializable 接口中的方法对程序是不可见的，因此实现该接口的类不需要实现额外的方法，当把一个序列化的对象写入对象输出流时，JVM 就会实现 Serializable 接口中的方法，将一定格式的文本写入目的地。当 ObjectInputStream 对象流从文件读取对象时，就会从文件中读回对象的序列化信息，并根据对象的序列化信息创建一个对象。需要注意的是，使用对象流把一个对象写入文件时，不仅要保证该对象是序列化的，而且该对象的成员对象也必须是序列化的。

【例题 8.18】

使用对象流读写 TV 类创建的对象。

```
import java.io.*;
class TV implements Serializable{
    String name;
    int price;
    public void setName(String s){
        name = s;
    }
```

```
    public void setPrice(int n){
        price = n;
    }
    public String getName(){
        return name;
    }
    public int getPrice(){
        return price;
    }
}
public class ObjectInputOutputDemo {
    public static void main(String args[]){
        TV changhong = new TV();
        changhong.setName("长虹电视");
        changhong.setPrice(5678);
        File file = new File("television.txt");
        try(FileOutputStream fileOut = new FileOutputStream(file);
            ObjectOutputStream objectOut = new ObjectOutputStream(fileOut);
            FileInputStream fileIn = new FileInputStream(file);
            ObjectInputStream objectIn = new ObjectInputStream(fileIn)){
            objectOut.writeObject(changhong);
            objectOut.flush();
            TV xinfei = (TV)objectIn.readObject();
            xinfei.setName("新飞电视");
            xinfei.setPrice(6666);
            System.out.println("changhong 的名字:" + changhong.getName());
            System.out.println("changhong 的价格:" + changhong.getPrice());
            System.out.println("xinfei 的名字:" + xinfei.getName());
            System.out.println("xinfei 的价格:" + xinfei.getPrice());
        }catch(ClassNotFoundException event){
            System.out.println("不能读出对象");
        }catch(IOException event){
            System.out.println(event);
        }
    }
}
```

使用对象流很容易获取一个序列化对象的克隆对象，只需将该对象写入对象输出流指向的目的地，然后将该目的地作为一个对象输入流的源，那么该对象输入流从源中读回的对象一定是原对象的一个克隆对象，即对象输入流通过对象的序列号信息来得到当前对象的一个克隆对象，上例中的对象 xinfei 就是对象 changhong 的一个克隆对象。

8.9 随机流

通过前面的学习我们知道，如果准备读文件，就需要建立指向该文件的输入流；如果准备写文件，就需要建立指向该文件的输出流。那么，能否建立一个流，通过该流既能读文件也能写文件呢？这正是本节要介绍的随机流。

RandomAccessFile 类创建的流称作“随机流”，与前面的输入、输出流不同的是，RandomAccessFile 类既不是 InputStream 类的子类，也不是 OutputStream 类的子类。但是，RandomAccessFile 类创建的流的指向既可以作为流的源，也可以作为流的目的地。换句话说，当准备对一个文件进行读写操作时，可以创建一个指向该文件的随机流，这样既可以从这个流中读取文件的数据，也可以通过这个流向文件写入数据。

RandomAccessFile 流对文件的读写比顺序读写更为灵活。

1. RandomAccessFile 的构造方法

RandomAccessFile(String name,String mode)

参数 name 用来确定一个文件名，给出创建的流的源，也是流的目的地。参数 mode 取 r(只读)或 rw(可读写)，决定创建的流对文件的访问权力。

RandomAccessFile(File file,String mode)

参数 file 是一个 File 类对象，给出创建的流的源，也是流的目的地。参数 mode 取 r(只读)或 rw(可读写)，决定创建的流对文件的访问权力。

2. RandomAccessFile 类提供的方法

seek(long a)：用来定位 RandomAccessFile 流的读写位置，其中参数 a 确定读写位置距离文件开头的字节个数。

getFilePointer()：获取流的当前读写位置。

length()：获取文件的长度。

read()：从文件中读取一个字节的数据。

readBoolean()：读取一个布尔值。

readByte()：读取一个字节。

readChar()：读取一个字符。

readDouble()：读取一个双精度浮点值。

readFloat()：读取一个单精度浮点值。

readInt():读取一个整型值。

readLong():读取一个长整型值。

readShort():读取一个短整型值。

readUnsignedByte():读取一个无符号字节。

readUnsignedShort():读取一个无符号短整型值。

readFully(byte b[]):读 b. length 字节放入数组 b,完全填满该数组。

readLine():从文件中读取一个文本行。

readUTF():从文件中读取一个 UTF 字符串。

setLength(long new Length):设置文件的长度。

seek(long newlength):定位读写位置。

skipBytes(int n):在文件中跳过指定数量的字节。

write(byte b[]):写 b. length 个字节到文件。

writeBoolean(boolean v):写入一个布尔值。

writeByte(int v):写一个字节。

writeBytes(String s):以字节形式写入一个字符串。

writeChar(char c):写入一个字符。

writeChars(String s):以字符形式写入一个字符串。

writeDouble(double v):写入一个双精度浮点值。

writeFloat(float v):写入一个单精度浮点值。

writeInt(int v):写入一个整型值。

writeLong(long v):写入一个长整型值。

writeShort(int v):写入一个短整型值。

writeUTF(String s):写入一个 UTF 字符串。

close():关闭文件。

【例题 8.19】

把几个整型数写入一个名为 tom. dat 的文件中,然后按相反顺序读出这些数据。

```
import java.io.*;
public class RandomAccessDemo{
    public static void main(String args[]){
        RandomAccessFile inAndOut = null;
        int data[] = {1,2,3,4,5,6,7,8};
        try{
            inAndOut = new RandomAccessFile("tom.dat","rw");
            for(int i = 0;i<data.length;i++){
                inAndOut.writeInt(data[i]);
            }
```

```
            for(long i = data.length - 1;i>= 0;i--) {
                inAndOut.seek(i * 4);
                System.out.printf(" %d\t ",inAndOut.readInt());
            }
            inAndOut.close();
        }catch(IOException e){
        }
    }
}
```

编译、运行程序，结果如下。

```
c:\ch8>javac RandomAccessDemo.java
c:\ch8>java RandomAccessDemo
8       7       6       5       4       3       2       1
```

课堂练习 8.3

写出下面程序的运行结果。

```
import java.io.*;
public class Test {
    public static void main(String args[]){
        try(RandomAccessFile f = new RandomAccessFile("test.txt","rw")){
            for(int i = 0;i<10;i++){
                f.writeDouble(Math.PI * i);
            }
            f.seek(16);
            f.writeDouble(0);
            f.seek(0);
            for(int i = 0;i<10;i++){
                System.out.println(f.readDouble());
            }
        }catch(FileNotFoundException e){
            System.out.println("File can not find Error:" + e);
        }catch(IOException e){
            System.out.println("File read Error:" + e);
        }
    }
}
```

习 题 8

1. 下面的程序往文件中写入了多少个字节？

```
import java.io.*;
public class Test{
    public static void main(String args[]) throws IOException{
        FileOutputStream fout = new FileOutputStream("test.dat");
        DataOutputStream dout = new DataOutputStream(fout);
        dout.writeInt(1);
        dout.writeDouble(0.01);
        dout.close();
    }
}
```

2. 在 PrintWriter 类中，有一个 print(Object obj)方法，在 ObjectOutputStream 类中，有一个 writeObject(Object obj)方法，请简述这两个方法的区别。

3. 编写一个程序，要求输入 5 个学生的成绩(从 0 到 100 的整数)，并将这 5 个整数存到文件 data.txt 中。

4. 改错。

```
import java.io.*;
class Test{
    public static void main(String args[]){
        FileInputStream fin = new FileInputStream("test.txt");
        try{
            System.out.println( fin.read() );
            fin.close();
        }catch(Exception e){
            e.printStackTrace();
        }
    }
}
```

5. 下面的程序运行后，数据被写入文件了吗？

```
import java.io.*;
class Test{
    public static void main(String args[])throws IOException{
        FileWriter fw = new FileWriter("c:\test.txt");
        BufferedWriter bw = new BufferedWriter(fw);
```

```
            String str = "Hello World";
            bw.write(str);
        }
    }
```

6. 利用对象流将学生信息写入 stu. dat 文件，并利用对象流读取出来。学生信息包括姓名 name、年龄 age、地址 addr，其中 addr 为 Address 类对象，Address 类成员变量包括地址 addressName、邮编 zipCode。

第9章　泛型与集合

9.1　泛型类与泛型接口

9.1.1　泛　型

JDK 1.5 引入泛型(Generic)机制，实现类型的参数化，使代码可以应用于多种类型，实现代码的可重用性。

JDK 1.5 以前，对象保存到集合中会失去特性，即自动包装成为 Object 类型，在访问的时候，需要手动进行强制类型转换，因此容易出现程序的安全性问题。

【例题 9.1】

```
import java.util.*;
public class NonGenericDemo{
    public static void main(String[] args) {
        List list = new ArrayList();
        list.add("abc");
        list.add("corn");
        list.add(100);
        for (int i = 0; i<list.size(); i++) {
            String name = (String) list.get(i);
            System.out.println(" + name:" + name);
        }
    }
}
```

程序中，List 是一个集合接口，ArrayList 是实现 List 接口的动态数组类，list 是 ArrayList 的一个对象，list 的 add()方法可以实现往集合中添加一个元素的功能，get()方法可以通过集合中的索引值访问集合中的元素，返回类型为 Object。程序通过 list 调用 get()方法获取 Object 类型的元素值，并将其强制转换为 String 类型，语法上没有错误，编译通过，但是在运行获取 100 这个元素时出现 Java.lang.ClassCastException 异常。

【例题 9.2】

```
import java.util.*;
public class GenericDemo{
    public static void main(String[] args){
        List<String>list = new ArrayList<String>();
        list.add("abc");
        list.add("corn");
        //list.add(100);            //编译错误
        for (int i = 0; i<list.size(); i++) {
            String name = list.get(i);
            System.out.println("name:" + name);
        }
    }
}
```

引入泛型机制后，通过 List<String>list=new ArrayList<String>()创建的 list 对象指向了一个泛型类型为 String 的 ArrayList 类，且被限定为只可以处理 String 类型的数据。因此，list.add(100)会在编译阶段报错。同时，list.get(i)获得的就是 String 类型的值，不再需要强制类型转换。

泛型的使用将运行时的类型检查提前到编译阶段完成，使代码更安全。

9.1.2 泛型类

泛型类是指在设计类时，暂时不指定类中变量的类型，而是在使用时决定具体使用什么类型，所允许的类型可以是类的类型或接口类型，但不能是基本数据类型。

定义泛型类的格式为：

[访问权限] class 类名<泛型类型形参 1,泛型类型形参 2,……>{}

泛型类型形参可以作为类的成员变量的类型、方法的类型以及局部变量的类型。

【例题 9.3】

```
class Box<T> {
    private T data;
    public Box() {
    }
    public Box(T data) {
        this.data = data;
    }
    public T getData() {
        return data;
    }
}
```

```
class Test{
    public static void main(String args[]){
        Box<String> name1 = new Box<String>("corn");
        Box<Integer> name2 = new Box<Integer>(127);
        System.out.println("name:" + name1.getData());
        System.out.println("name:" + name2.getData());
    }
}
```

程序定义了泛型类 Box<T>，暂时不指定类中的私有数据成员 data 的类型，而是由类型形参 T 表示。利用该泛型类创建对象时，指定类型实参分别为 String、Integer。

Java7新特性

创建泛型对象时，new 后面的类型实参可以省略。如：

```
List<String>list = new ArrayList<String>();
```

可简写为：

```
List<String>list = new ArrayList<>();
```

注意：在泛型中是无法指定基本数据类型的，必须设置成包装类，如 int 型需要设置成包装类 Integer，float 型需要设置成包装类 Float 等。

课堂练习 9.1

如何创建一个 ArrayList 集合实例，该集合中只能存放字符类型数据？

9.1.3　泛型接口

泛型接口是指在设计接口时，暂时不指定接口中变量的类型，而是在使用时决定具体使用什么类型。

定义泛型接口的格式为：

[访问权限] interface 接口名<泛型类型形参 1，泛型类型形参 2，……>{}

【例题 9.4】

```
interface Inter<T>{
    public T get();
}
class InterImpl<T>implements Inter<T>{
    T num;
    public void set(T num) {
```

```
        this.num = num;
    }
    public T get() {
        return num;
    }
}
public class GenericInterfaceDemo{
    public static void main(String[] args) {
        Inter<Integer>t = new InterImpl<Integer>();
    }
}
```

泛型类 InterImpl 实现了泛型接口 Inter，遵循多态原则，可以使用泛型接口声明的变量 t 接收实现泛型接口的泛型类创建的对象。

9.1.4 泛型方法

泛型方法是指在设计方法时，暂时不指定方法中变量的类型，而是在使用时决定具体使用什么类型。

定义泛型方法只需要将泛型参数表置于返回值类型之前，其格式为：

[访问权限]<泛型类型参数>返回类型 方法名称([泛型类型形参 1,泛型类型形参 2,……])

【例题 9.5】

```
public class GenericFunctionDemo {
    public static void main(String[] args) {
        GenericFunctionDemo test = new GenericFunctionDemo();
        test.f(1);
    }
    public<T>void f(T x) {
        System.out.println(x.getClass().getName());
    }
}
```

是否拥有泛型方法，与其所在的类是否是泛型类并没有关系，泛型方法的存在使得该方法能够独立于类而产生变化。

9.1.5 泛型的通配符

【例题 9.6】

```
class Box<T>{
    private T data;
```

```
        public Box() {
        }
        public Box(T data) {
            this.data = data;
        }
        public T getData() {
            return data;
        }
    }
    public class GenericRelationDemo{
        public static void main(String[] args) {
            Box<String>name = new Box<String>("corn");
            Box<Integer>age = new Box<Integer>(38);
            Box<Number>number = new Box<Number>(314);
            System.out.println("name class:" + name.getClass());
            System.out.println("age class:" + age.getClass());
            System.out.println("number class:" + number.getClass());
            System.out.println(name.getClass() = = age.getClass());
            System.out.println(age.getClass()number.getClass());
        }
    }
```

编译、运行程序,结果如下。

```
c:\ch9>javac GenericRelationDemo.java
c:\ch9>java GenericRelationDemo
name class:class Box
age class:class Box
number class:class Box
true
true
```

可以看出,在使用泛型类时,虽然传入了不同的泛型实参,但并没有真正意义上生成不同的类型,Box<String>、Box<Integer>、Box<Number>还是同属于Box类。尽管泛型类型的实参Number、Integer存在父子继承关系,但是对应的泛型类Box<Number>、Box<Integer>并不存在父子关系。

使用通配符“?”代替所有的类型实参,包括Box<String>、Box<Integer>、Box<Number>等所有泛型类。

【例题 9.7】

```
public class GenericWildcardsDemo{
    public static void main(String[] args) {
        Box<String>name = new Box<String>("corn");
        Box<Integer>age = new Box<Integer>(38);
        Box<Number>number = new Box<Number>(314);
        getData(name);
        getData(age);
        getData(number);
    }
    public static void getData(Box<? >data) {
        System.out.println("data :" + data.getData());
    }
}
```

如果需要定义一个功能类似于 getData()的方法，但对类型实参又有进一步的限制(只能是 Number 类及其子类)，此时，就需要用到类型通配符上限。

【例题 9.8】

```
public class GenericWildcardsUpDemo {
    public static void main(String[] args) {
        Box<String>name = new Box<String>("corn");
        Box<Integer>age = new Box<Integer>(38);
        Box<Number>number = new Box<Number>(314);
        getData(name);
        getData(age);
        getData(number);
        //name 是 Box<String>泛型类，而 String 不是 Number 子类
        //getUpperNumberData(name);
        getUpperNumberData(age);
        getUpperNumberData(number);
    }
    public static void getData(Box<? >data) {
        System.out.println("data :" + data.getData());
    }
    public static void getUpperNumberData(Box<? extends Number>data) {
        System.out.println("data :" + data.getData());
    }
}
```

"getUpperNumberData(name);"编译出错,因为 name 为 Box<String>泛型类的对象,类型实参 String 不是 Number 子类。

类型通配符上限通过形如 Box<? extends Number>形式定义,表示接收的泛型参数是指定类型或者指定类型的子类;相对应的,类型通配符下限为 Box<? super Number>形式,表示接收的泛型参数是指定类型或者指定类型的父类。具体使用方法类似。

课堂练习 9.2

指出下面程序的错误。

```
import java.util.*;
public class Test {
    public static void main(String[] args){
        List<? super Fruit>f0 = new ArrayList<Fruit>();
        f0.add(new Apple());
        f0.add(new Fruit());
        f0.add(new SupApple());
        List<? super Fruit>f1 = new ArrayList<Apple>();
        f1.add(new Apple());
        f1.add(new Fruit());
    }
}
class Fruit {
}
class Apple extends Fruit {
}
class SupApple extends Apple {
}
```

9.2 集　合

在学习集合之前,处理一组对象,最先想到的是使用对象数组,但是数组在使用之前必须定义其元素的个数,而且不能轻易改变数组的大小。那么,在数组大小不确定的场合,使用数组,可能会分配太多的单元而浪费内存资源,因此,在需要动态减少或增加数据项时,可以使用集合。

Java 的集合类是一些常用的数据结构,例如:队列、栈、链表等。Java 集合就像一种容器,用于存储数量不等的对象,并按照规范实现一些常用的操作和算法。程序员在使用Java的集合类时，不必考虑数据结构和算法的具体实现细节，只需根据需要直接使用这些集合类并调用相应的方法即可，从而提高了开发效率。

Java的集合类大部分在java.util包中，主要由两个接口派生而出：Collection和Map，这两个接口派生出一些子接口或实现类，如图9-1所示。

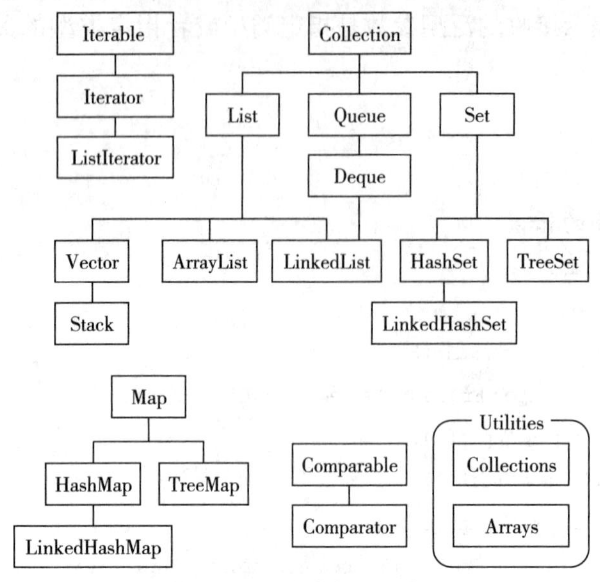

图9-1 Java集合框架示意图

9.2.1 Collection接口及其实现类

Collection接口是Java集合框架中最基本的接口，被定义为：public interface Collection<E>extends Iterable<E>，Collection接口所包含的方法如表9-1所示。

表9-1 Collection接口中的常用方法

方法	描述
int size()	返回集合大小
boolean isEmpty()	判断集合是否为空
boolean contains(Object o)	判断集合是否包含某个对象
Iterator<E>iterator()	返回集合的迭代器，用于遍历集合
Object[] toArray()	将集合转换为对象数组
boolean add(E o)	添加一个对象
boolean remove(Object o)	删除某个对象
boolean equals(Object o)	对象比较
int hashCode()	对象的哈希编码
void clear()	清空集合

Collection接口是List、Set、Queue接口的父接口。

①List是Collection接口的子接口，是模拟线性表的有序、可重复的集合。

ArrayList、Vector、LinkedList是List接口的典型实现类。

②Set是Collection接口的子接口，是不可重复的集合。HashSet、TreeSet、LinkedHashSet是Set接口的典型实现类。HashSet是无序的，而TreeSet、LinkedHashSet是有序的。

③Queue接口是Collection接口的子接口，是模拟队列的接口，其子接口Deque接口模拟双端队列。

1. List接口及其实现类

List接口是Collection的子接口，被定义为public interface List<E>extends Collection，List接口不仅继承了Collection中的方法，还对其进行了扩展，表9-2列出了List接口中常用的扩展方法。

表9-2 List接口中常用的扩展方法

扩展方法	描　述
boolean add(E element)	在末尾添加一个元素
void add(int index, E element)	在给定索引位置上插入一个元素
E get(int index)	获得给定位置的元素
int indexOf(Object o)	给定元素，查找索引位置
E remove(int index)	给定索引位置，删除元素
List<E>subList(int fromIndex, int toIndex)	获得从fromIndex位置到toIndex的元素列表
E set(int index, E element)	给定索引位置，替换当前元素

List集合代表一个元素有序、可重复的集合，集合中每个元素都有其对应的顺序索引。List集合允许加入重复元素，因为它可以通过索引来访问指定位置的集合元素。List集合默认按元素的添加顺序设置元素的索引。

List接口的常用实现类有ArrayList类、Vector类、LinkedList类，ArrayList、Vector采用数组形式实现List接口，LinkedList使用双向循环链表形式实现List接口。列表的主要功能是提供增、删、改、查四大操作，ArrayList、Vector适合改、查两大操作，而LinkedList适合增、删两大操作。

【例题9.9】

```
import java.util.*;
public class ArrayListDemo {
    public static void main(String[] args) {
        List<Integer>list = new ArrayList<Integer>();
        list.add(0, 0);
        list.add(1, 1);
        list.add(2, 2);
```

```
            list.add(3, 3);
            list.add(0, 2);
            print(list);
            list.add(3);
            print(list);
            list.set(1, 8);
            print(list);
    }
    public static void print(Collection<Integer>collection) {
        for (Object temp:collection) {
                System.out.print(temp+" ");
            }
            System.out.println();
        }
    }
```

编译、运行程序，结果如下。

```
c:\ch9>javac ArrayListDemo.java
c:\ch9>java ArrayListDemo
2 0 1 2 3
2 0 1 2 3 3
2 8 1 2 3 3
```

程序使用 ArrayList 创建了一个 List 类型的上转型对象 list，使用 void add(int index, E element)方法，在给定的索引位置上，插入一个元素，使用 boolean add(E o)方法在末尾增加一个元素，使用 E set(int index, E element)方法，把原来位于索引 index 处的元素替换为指定的 element。从程序运行结果可以发现，List 类型的列表可以存储重复的元素，且都具有索引号。因此 List 是有序、可重复的集合。

Vector 用法类似 ArrayList。同时，Vector 还提供了一个 Stack 子类，用于模拟“栈”这种数据结构。栈具有“后进先出”的特性，最后入栈的元素最先出栈。Stack 类中常用的方法如表 9-3 所示。

表 9-3 Stack 类中常用的方法

扩展方法	描 述
E peek()	查看栈顶元素，但并不将该元素从栈中移除
E pop()	出栈，即移除栈顶元素，并将该元素返回
E push(E item)	入栈，即将指定的 item 元素压入栈顶

【例题 9.10】

```
import java.util.*;
public class StackDemo{
    public static void main(String[] args) {
        Vector<Integer>v = new Vector<Integer>();
        for(int i = 0;i<= 5;i++){
            v.add(i);
        }
        print(v);
        Stack<Integer>s = new Stack<Integer>();
        for(int i = 0;i<= 5;i++){
            s.add(i);
        }
        print(s);
        while(!s.isEmpty()){
            System.out.print (s.pop() +" ");
        }
    }
    public static void print(List<Integer>list) {
        for (Object temp:list) {
                System.out.print(temp +" ");
        }
        System.out.println();
    }
}
```

编译、运行程序,结果如下。

```
c:\ch9>javac StackDemo.java
c:\ch9>java StackDemo
0 1 2 3 4 5
0 1 2 3 4 5
5 4 3 2 1 0
```

注意: Vector 和 Stack 是非常古老的集合类,性能都是比较差的,且都具有很多缺点,因此尽量少用。

2. Set 接口及其实现类

Set 接口是 Collection 的子接口,其常用实现类有 HashSet、TreeSet。

HashSet 使用哈希算法来存储数据元素,因此属于无序存储,并且无法存储重复元素，但具有良好的存取以及可查找性。当向 HashSet 集合中存入一个元素时，HashSet 会调用该对象的 hashCode()方法来得到该对象的 hashCode 值，然后根据该 HashCode 值决定该对象在 HashSet 中的存储位置。

【例题 9.11】

```
import java.util.*;
public class HashSetDemo{
    public static void main(String[] args) {
        Set<Character>set = new HashSet<Character>();
        set.add('E');
        set.add('E');
        set.add('C');
        vset.add('D');
        set.add('A');
        print(set);
}
public static void print(Collection<Character>collection) {
        for (Object temp:collection) {
            System.out.print(temp+" ");
        }
        System.out.println();
    }
}
```

编译、运行程序，结果如下。

```
c:\ch9>javac HashSetDemo.java
c:\ch9>java HashSetDemo
A C D E
```

程序使用 HashSet 创建 set 上转型对象，调用 boolean add(E o)方法增加元素。从程序运行结果可以发现，HashSet 类型的列表不可以存储重复的元素，且不按照添加的顺序存放，因此 HashSet 集合是无序、不可重复的集合，底层采用哈希算法。

LinkedHashSet 是 HashSet 的子类，LinkedHashSet 集合也是根据元素的 hashCode 值来决定元素的存储位置的，但和 HashSet 不同的是，它同时使用链表维护元素插入的次序。当遍历 LinkedHashSet 集合里的元素时，LinkedHashSet 将会按元素的添加顺序来访问集合里的元素。LinkedHashSet 需要维护元素的插入顺序，因此性能略低于 HashSet 的性能，但在迭代访问 Set 里的全部元素时具有很好的性能。

Set 接口的另一个常用实现类 TreeSet 采用红黑树的数据结构来存储集合元素。当把一个对象加入 TreeSet 集合中时，TreeSet 会调用该对象的 compareTo(Object obj)方法与集合中的其他对象比较大小，然后根据红黑树结构找到它的存储位置。因此集合中的数据元素按照大小顺序从上到下，从左到右排列，整个集合中的元素处于排序的状态。如果试图把一个对象添加到 TreeSet，那么该对象的类必须实现 java.lang.Comparable 接口，否则程序会抛出异常。如果两个对象通过 compareTo(Object obj)方法比较相等，新对象将无法添加到 TreeSet 集合中。

TreeSet 支持两种排序方式：自然排序和定制排序，默认情况下采用自然排序。

例如：

```
TreeSet<String>myTree = new TreeSet<String>();
myTree.add("boy");
myTree.add("father");
myTree.add("mother");
myTree.add("girl");
```

创建的树形结构如图 9-2 所示。

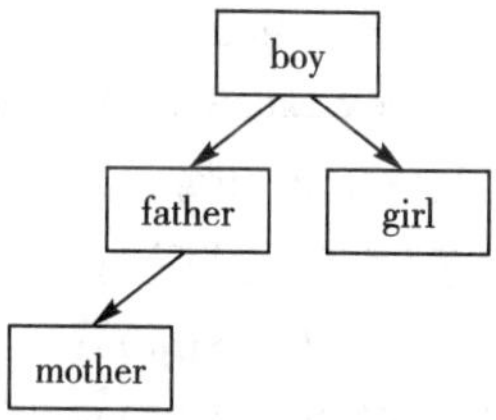

图 9-2 myTree 树结构

集合 myTree 中的元素为 String 类型的对象，String 类实现了 Comparable 接口，重写了 compareTo()方法，方法返回值为负整数、零或正整数，则分别表示当前对象小于、等于或大于指定对象。因此，集合 myTree 中的字符串按照字典序从上到下，从左到右排列。

【例题 9.12】

```
import java.util.*;
class Person implements Comparable<Person>{
    private String name;
    private int age;
    private String address;
    public Person(String name,int age,String address){
        this.name = name;
        this.age = age;
        this.address = address;
```

```
    }
    //重写 toString()方法
    public String toString(){
            return "姓名:" + name + ",年龄:" + age + ",地址:" + address;
    }
    //重写 Comparable 接口中的 compareTo()方法
    public int compareTo(Person p){
        if(this.age<p.age){
            return -1;
        }else if(this.agep.age){
            return 0;
        }else{
            return 1;
        }
    }
}
class TreeSetDemo{
    public static void main(String args[]){
        TreeSet<Person>set = new TreeSet<Person>();
        set.add(new Person("张三",13,"北京"));
        set.add(new Person("李四",8,"上海"));
        set.add(new Person("马六",50,"济南"));
        set.add(new Person("王五",35,"青岛"));
        print(set);
    }
    public static void print(Collection<Person>collection) {
        for (Object temp:collection) {
            System.out.println(temp.toString() + " ");
        }
    }
}
```

编译、运行程序，结果如下。

```
c:\ch9>javac TreeSetDemo.java
c:\ch9>java TreeSetDemo
姓名:李四,年龄:8,地址:上海
姓名:张三,年龄:13,地址:北京
姓名:王五,年龄:35,地址:青岛
姓名:马六,年龄:50,地址:济南
```

从程序中可以看出添加到 TreeSet 集合中的元素会自动排好序，且不存在重复元素。因此 TreeSet 集合是有序、不可重复的集合。读者可以自行尝试将一个年龄重复的对象加入上述集合的结果。

课堂练习 9.3

仿照例题 9.12 设计一个按照身高排序的学生集合。

TreeSet 除了自然排序外，还可以定制排序，即设计一个实现 java. util. Comparator 接口的比较器类，重写接口中的 int compare(T o1, T o2)方法，同时将比较器类对象作为参数传递给要比较的集合。

【例题 9.13】

```
import java.util.*;
class Person {
    int age;
    public Person(int age) {
        this.age = age;
    }
    public String toString() {
        return "[age:" + age + "]";
    }
}
class PersonComparator implements Comparator{
    public int compare(Object o1, Object o2) {
        Person m1 = (Person) o1;
        Person m2 = (Person) o2;
        return m1.age>m2.age? -1:m1.age<m2.age? 1:0;
    }
}
public class CustomSortDemo {
    public static void main(String[] args) {
        PersonComparator comparator = new PersonComparator();
        TreeSet<Person>ts = new TreeSet<>(comparator);
        ts.add(new Person(5));
        ts.add(new Person(-3));
        ts.add(new Person(9));
        print(ts);
    }
```

```
    public static void print(Collection<Person>collection) {
        for (Object temp:collection) {
            System.out.println(temp.toString() +" ");
        }
    }
}
```

编译、运行程序，结果如下。

```
c:\ch9>javac CustomSortDemo.java
c:\ch9>java CustomSortDemo
[age:9]
[age:5]
[age:-3]
```

将一个自定义的实现 Comparator 接口的比较器对象，作为参数传递给集合，集合将按照指定的比较器，进行排序操作。

3. Queue 接口

队列 Queue 通常以“先进先出 FIFO”的方式排序各个元素，即最先入队的元素最先出队。Queue 接口继承 Collection 接口，模拟队列操作，除了 Collection 接口中的基本操作外，还提供了队列的插入、提取和检查操作，如表 9-4 所示。

表 9-4　Queue 类中常用的方法

方　法	描　述
boolean add(E o)	将指定元素插入此队列，当队列有容量限制时，该方法抛出异常
boolean offer(E e)	将指定元素插入此队列，当队列有容量限制时，该方法返回 false
E element()	获取队头元素，但不移除此队列的头，如果此队列为空，则抛出异常
E peek()	获取队头元素，但不移除此队列的头，如果此队列为空，则返回 null
E remove()	获取并移除队列的头，如果此队列为空，则抛出异常
E poll()	获取并移除此队列的头，如果此队列为空，则返回 null

队列的头部保存着队列中存放时间最长的元素，队列的尾部保存着队列中存放时间最短的元素。新元素插入(offer)到队列的尾部，访问元素(poll)操作会返回队列头部的元素，队列不允许随机访问队列中的元素。

Deque 双端队列是 Queue 的子接口，支持在队列的两端插入和移除元素。因此 Deque 的实现类既可以当成队列使用，也可以当成栈使用。Deque 类中常用的方法如表 9-5 所示。

表 9-5 Deque 类中常用的方法

方 法	描 述
void addFirst(E e)	将指定元素插入此双端队列的开头
void addLast(E e)	将指定元素插入此双端队列的末尾
E getFirst()	获取但不移除此双端队列的第一个元素
E getLast()	获取但不移除此双端队列的最后一个元素
boolean offerFirst(E e)	将指定元素插入此双端队列的开头
boolean offerLast(E e)	将指定元素插入此双端队列的末尾
E peekFirst()	获取但不移除此双端队列的第一个元素
E peekLast()	获取但不移除此双端队列的最后一个元素
E poolFirst()	获取并移除此双端队列的第一个元素
E poolLast()	获取并移除此双端队列的最后一个元素
E removeFirst()	获取并移除此双端队列的第一个元素
E removeLast()	获取并移除此双端队列的最后一个元素

链表列表 LinkedList 是 Deque 和 List 两个接口的实现类,兼具队列和列表两种特性,是最常使用的集合类之一。它即可以根据索引来随机访问集合中的元素,也能将 LinkedList 当作双端队列使用,自然也可以被当作栈来使用。

【例题 9.14】

```
import java.util.*;
public class LinkedListDemo {
    public static void main(String[] args) {
        LinkedList<Character>list = new LinkedList<Character>();
        list.offer('A');
        list.push('B');//将 list 作为堆栈压入元素
        list.offerFirst('C');
        list.offerLast('D');
        print(list);
    }
    public static void print(Collection<Character>collection) {
        for (Object temp:collection) {
            System.out.print(temp + " ");
        }
        System.out.println();
    }
}
```

编译、运行程序，结果如下。

```
c:\ch9>javac LinkedListDemo.java
c:\ch9>java LinkedListDemo
C B A D
```

LinkedList 同时表现出了双端队列和栈的用法，功能非常强大。

9.2.2 Iterable 接口

Java 在 java.lang 包中提供了 Iterable 接口，该接口是 Collection 接口的父接口。也就是说，Collection 接口下的集合类都实现 Iterable 接口，具有获得迭代器 Iterator 的 iterator()方法，如表 9-6 所示。Iterator 接口定义在 java.util 包中，提供了遍历集合的常用方法，如表 9-7 所示，它可以采用统一的方式对 Collection 集合中的元素进行遍历操作，开发人员无须关心 Collection 集合中的内容，就能够使用 foreach 循环遍历集合中的部分或全部元素。

表 9-6 Iterable 接口中的常用方法

方 法	描 述
Iterator<T>iterator()	获取迭代器对象

表 9-7 Iterator 接口中的常用方法

方 法	描 述
boolean hasNext()	判断是否有下一个可访问的元素，如有则返回 true，否则返回 false
E next()	返回可访问的下一个元素
void remove()	移除刚刚遍历过的元素

【例题 9.15】

```
import java.util.*;
public class IteratorDemo{
    public static void main(String[] args) {
        List<Integer>list = new ArrayList<Integer>();
        list.add(0, 0);
        list.add(1, 1);
        list.add(2, 2);
        list.add(3, 3);
        list.add(0, 2);
        printByIterator(list);
    }
    public static void printByIterator(List<Integer>list) {
```

```
            Iterator<Integer>iterator = list.iterator();
            while(iterator.hasNext()){
                System.out.print(iterator.next() +" ");
            }
            System.out.println();
        }
    }
```

编译、运行程序，结果如下。

```
c:\ch9>javac IteratorDemo.java
c:\ch9>java IteratorDemo
2 0 1 2 3
```

程序使用迭代器遍历集合中的所有元素。迭代器不仅对 ArrayList 类的集合对象适用，对 Collection 接口下的所有集合类也适用。它的好处是可以使用相同的方式去遍历集合中的元素，而不用考虑集合类的内部实现。

除了 Collection 固有的 iterator()方法外，List 还提供了一个 listIterator()方法，该方法返回一个 ListIterator 对象，ListIterator 接口继承了 Iterator 接口，提供了专门操作 List 的方法，如表 9-8 所示。

表 9-8 ListIterator 接口中的常用方法

方 法	描 述
boolean hasPrevious()	返回该迭代器关联的集合是否还有上一个元素
Object previous()	返回该迭代器的上一个元素(向前迭代)
void add()	在指定位置插入一个元素

【例题 9.16】

```
  import java.util.*;
  public class ListIteratorDemo{
      public static void main(String[] args) {
          String[] books = { "A", "B","C" };
          List bookList = new ArrayList();
          for (int i = 0; i<books.length; i++) {
              bookList.add(books[i]);
          }
          ListIterator lit = bookList.listIterator();
          while (lit.hasNext()) {
              System.out.print(lit.next() +" ");
              //lit.add("D");
          }
          System.out.println();
```

```
            System.out.println("下面开始反向迭代:");
            while (lit.hasPrevious()) {
                System.out.print(lit.previous() + " ");
            }
        }
    }
```

编译、运行程序,结果如下。

```
c:\ch9>javac ListIteratorDemo.java
c:\ch9>java ListIteratorDemo
A B C
下面开始反向迭代:
C B A
```

课堂练习 9.4

将例题 9.16 中的注释去掉,写出程序的运行结果。

9.2.3 Map 接口及其实现类

Map 接口和 Collection 一样也是一个顶级接口,与 Collection 接口的区别在于 Map 的操作对象是二元键值对,Map 的每一个操作对象都是以(key,value)键值对的形式存储的,在 Java 中被定义为:public interface Map<K,V>,其常用方法如表 9-9 所示。

表 9-9 Map 接口中的常用方法

方 法	描 述
int size()	返回集合大小
boolean isEmpty()	判断集合是否为空
boolean containsKey(Object key)	判断集合是否包含某个 key
boolean containsValue(Object value)	判断集合是否包含某个 value
V get(Object key)	根据 key 获得对应的 value
V put(K key, V value)	存储键值对 key, value
V remove(Object key)	根据 key 删除 key, value 键值对
void putAll(Map<? extends K, ? extends V>m)	复制某一个 Map 对象的内容
void clear()	清空 Map 集合
Set<K>keySet()	将 Map 中所有的 key 返回
Collection<V>values()	将 Map 中所有的 value 返回
Set<Entry<K key, V value>>entrySet()	将 Map 中所有的键值对返回
boolean equals(Object o)	对象比较
int hashCode()	对象的哈希编码

HashMap 和 TreeMap 是 Map 体系中两个常用实现类，它们拥有一个共同的特点，即 key 的值是独一无二的，value 可以重复。其具体特点如下。

①HashMap 是基于哈希算法的 Map 接口的实现类，该实现类提供所有映射操作，但不能保证映射的顺序，即是无序的映射集合；

②TreeMap 是基于树的结构来存储的 Map 接口的实现类，可以根据其键的自然顺序进行排序或定制排序方式。

在 Map 接口中还包含了一个内部接口，即 Map. Entry，定义为 public static interface Entry<K,V>，其中常用的方法如表 9-10 所示。

表 9-10 Map. Entry 接口中的常用方法

方 法	描 述
K getKey()	获得 key
V getValue()	获得 value
V setValue(V value)	设置 value
boolean equals(Object o)	对象比较
int hashCode()	对象的哈希编码

Map 接口提供了方法将 Map 集合转换为 Collection 集合，它们分别是 entrySet()、keySet()、values()。

【例题 9.17】

```
import java.util.*;
import java.util.Map.Entry;
public class HashMapDemo {
    public static void main(String[] args) {
        HashMap<Integer, String>hashMap = new HashMap<Integer, String>();
        hashMap.put(33, "aa");
        hashMap.put(11, "bb");
        hashMap.put(22, "cc");
        print(hashMap);
        //使用 entrySet()方法获取 Entry 键值对集合
        Set<Entry<Integer, String>>set = hashMap.entrySet();
        System.out.println("所有 Entry:");
        //遍历所有元素
        for (Entry<Integer, String>entry:set) {
            System.out.println(entry.getKey() + ":" + entry.getValue());
        }
        //使用 keySet()方法获取所有键的集合
```

```
        Set<Integer>keySet = hashMap.keySet();
        System.out.println("所有 key:");
        for (Integer key:keySet) {
            System.out.print(key + " ");
        }
        System.out.println();
        //使用 values()方法获取所有值的集合
        Collection<String>valueSet = hashMap.values();
        System.out.println("所有 value:");
        for (String value:valueSet) {
            System.out.print(value + " ");
        }
        System.out.println();
    }
    public static void print(HashMap<Integer, String>map) {
        for (Integer temp:map.keySet()) {
            String s = map.get(temp);
            System.out.println(temp + "-->" + s);
        }
    }
}
```

编译、运行程序，结果如下。

```
c:\ch9>javac HashMapDemo.java
c:\ch9>java HashMapDemo
33-->aa
22-->cc
11-->bb
所有 Entry:
33:aa
22:cc
11:bb
所有 key:
33 22 11
所有 value:
aa cc bb
```

程序中 hashMap 是 HashMap 类型的对象，它的键值对的类型被指定为 Integer 和 String 类型，程序使用 put()方法共插入了 3 条数据，由程序运行结果可知 HashMap 集合中的数据并不是按照 key 的字典序存放的，也不是按照添加顺序存放的，而是由哈希算法决定存放的位置。如果将 HashMap 换成 TreeMap，则集合中的数据按照 key 的字典序存放。

HashMap 的子类 LinkedHashMap 也使用双向链表来维护键值对的次序，该链表负责维护 Map 的迭代顺序，与键值对的插入顺序一致。

9.2.4　集合工具类

Java 集合框架中还提供了两个非常实用的辅助工具类：Collections 和 Arrays。

Collections 工具类提供了一些对 Collection 集合常用的静态方法，例如，排序、复制、查找以及填充等操作，如表 9-11 所示。

表 9-11　Collections 工具类中常用的静态方法

方　法	描　述
static<T>void copy(List<? super T>dest,List<? extends T>src)	将所有元素从一个列表复制到另一个列表
static<T>void fill(List<? super T>list,T obj)	使用指定元素替换指定列表中的所有元素
static<T extends Object & Comparable<? super T>> T max(Collection<? extends T>coll)	根据自然排序，返回给定集合的最大元素
static<T>T max(Collection<? extends T> coll, Comparator<? super T>comp)	根据指定的比较器排序，返回给定集合的最大元素
static<T extends Object & Comparable<? super T>> T min(Collection<? extends T>coll)	根据自然排序，返回给定集合的最小元素
static<T>T min(Collection<? extends T> coll, Comparator<? super T>comp)	根据指定的比较器排序，返回给定集合的最小元素
static<T extends Comparable<? super T>>void sort(List<T>list)	根据自然排序，对指定列表按升序进行排列
static<T>void sort(List<T>list,Comparator<? super T>c)	根据指定的比较器排序，对指定列表进行排序
static void swap(List<?>list,int i,int j)	在指定列表的指定位置处交换元素
static void shuffle(List<E> list)	将 list 中的数据按洗牌算法重新随机排列
static void rotate(List<E> list,int distance)	旋转链表中的数据
static void reverse(List<E> list)	翻转 list 中的数据

使用 Collections 工具类为集合进行排序时，即调用 sort()方法时，集合中的元素必须是 Comparable(可比较的)。

【例题 9.18】

```
import java.util. * ;
class Person implements Comparable<Person>{
    private String name;
    private int age;
    private String address;
    public Person(String name,int age,String address){
        this.name = name;
        this.age = age;
        this.address = address;
    }
    //重写 toString()方法
    public String toString(){
            return "姓名:" + name + ",年龄:" + age + ",地址:" + address;
        }
    //重写 Comparable 接口中的 compareTo()方法
    public int compareTo(Person p){
        if(this.age<p.age){
            return -1;
        }else if(this.agep.age){
            return 0;
        }else{
            return 1;
        }
    }
}
class SortDemo{
    public static void main(String args[]){
        List<Person>list = new ArrayList<Person>();
        list.add(new Person("张三",13,"北京"));
        list.add(new Person("李四",8,"上海"));
        list.add(new Person("马六",50,"济南"));
        list.add(new Person("王五",35,"青岛"));
        print(list);
        System.out.println("----------------");
        Collections.sort(list);
        System.out.println("排序后:");
```

```
            print(list);
            System.out.println("----------------");
            System.out.println("年龄最大:" + Collections.max(list));
            System.out.println("年龄最小:" + Collections.min(list));
        }
        public static void print(Collection<Person>collection) {
            for (Object temp:collection) {
                System.out.println(temp.toString() + " ");
            }
        }
    }
```

编译、运行程序，结果如下。

```
c:\ch9>javac SortDemo.java
c:\ch9>java SortDemo
姓名:张三,年龄:13,地址:北京
姓名:李四,年龄:8,地址:上海
姓名:马六,年龄:50,地址:济南
姓名:王五,年龄:35,地址:青岛
----------------
排序后:
姓名:李四,年龄:8,地址:上海
姓名:张三,年龄:13,地址:北京
姓名:王五,年龄:35,地址:青岛
姓名:马六,年龄:50,地址:济南
----------------
年龄最大:姓名:马六,年龄:50,地址:济南
年龄最小:姓名:李四,年龄:8,地址:上海
```

在重写 Comparable 接口中的 compareTo()方法时，根据年龄进行比较，如果当前对象小于、等于或大于指定对象，则分别返回负整数、零或正整数。

Collection 类还提供了将链表中的数据重新随机排列的类方法以及旋转链表中数据的方法 static void shuffle(List<E> list)、static void rotate(List<E> list, int distance)、static void reverse(List<E> list)。在 rotate()方法中，参数 distance 取正数时，向右转动 list 中的数据，取负值时，向左转动 list 中的数据。如 list 的数据原来是 10,20,30,40,50，经 Collection.rotate(list,1)之后，list 中的数据依次为 50,10,20,30,40。

Arrays 工具类则提供了针对数组的各种静态方法，例如排序、复制、查找等操作，如表 9-12 所示。

表 9-12　Arrays 工具类中常用的静态方法

方　法	描　述
static int binarySearch(Object[] a,Object key)	使用二分搜索法搜索指定的对象数组，以获得指定对象
static<T>int binarySearch(T[] a,T key,Comparator <? super T>c)	使用二分搜索法搜索指定的泛型数组，以获得指定对象
static<T>T[] copyOf(T[] original,int newLength)	复制指定的数组
static<T>T[] copyOfRange(T[] original,int from,int to)	将指定数组的指定范围复制到一个新数组
static void fill(Object[] a,Object val)	将指定的值填充到指定数组的每个元素
static int hashCode(Object[] a)	基于指定数组的内容返回哈希码
static void sort(Object[] a)	根据元素的自然顺序对指定数组进行升序排序
static<T>void sort(T[] a,Comparator<? super T>c)	根据指定比较器对指定数组进行排序
static String toString(Object[] a)	返回指定数组内容的字符串表示形式

Arrays 工具类主要针对数组操作，其用法类似 Collections。

习 题 9

1. 写出下面程序的输出结果。

```
import java.util.*;
public class Test {
    public static void main(String[] args) {
        List<Integer>list = new ArrayList<Integer>();
        for(int k = 0;k<10;k++){
            list.add(new Integer(1));
        }
        print(list);
    }
    public static void print(Collection<Integer>collection) {
        for (Object temp:collection) {
            System.out.print(temp+"");
        }
        System.out.println();
    }
}
```

将 ArrayList 换成 HashMap，结果又如何？

2. 写出下面程序的运行结果。

```
import java.util.*;
public class Test {
    public static void main(String[] args) {
        List<Integer>list = new ArrayList<Integer>();
        for(int k = 0;k<10;k++){
            list.add(new Integer(k));
        }
        list.remove(5);
        list.remove(5);
        print(list);
    }
    public static void print(Collection<Integer>collection) {
        for (Object temp:collection) {
            System.out.print(temp + " ");
        }
        System.out.println();
    }
}
```

3. 写出下面程序的运行结果。

```
import java.util.*;
public class Test {
    public static void main(String[] args) {
        LinkedHashSet<String>books = new LinkedHashSet<>();
        books.add("Java");
        books.add("LittleHann");
        print(books);
        books.remove("Java");
        books.add("Java");
        print(books);
    }
    public static void print(Collection<String>collection) {
        for (Object temp:collection) {
            System.out.print(temp + " ");
        }
        System.out.println();
    }
}
```

4. 查看 Java API 文档中关于 TreeSet 的常用方法，并写出下面程序的运行结果。

```
import java.util.*;
public class Test {
    public static void main(String[] args) {
        TreeSet<Integer>nums = new TreeSet<>();
        nums.add(5);
        nums.add(2);
        nums.add(10);
        nums.add(-9);
        print(nums);
        System.out.println(nums.first());
        System.out.println(nums.last());
        print(nums.headSet(4));
        print(nums.tailSet(5));
        print(nums.subSet(-3, 4));
    }
    public static void print(Collection<Integer>collection) {
        for (Object temp:collection) {
            System.out.print(temp + " ");
        }
        System.out.println();
    }
}
```

5. 写出下面程序的运行结果。

```
import java.util.*;
public class Test {
    public static void main(String[] args) {
        List<String>books = new ArrayList<>();
        books.add(new String("A"));
        books.add(new String("B"));
        books.add(new String("C"));
        print(books);
        books.add(1, new String("D"));
        for (int i = 0; i<books.size(); i++) {
            System.out.print(books.get(i) + " ");
        }
        System.out.println();
```

```
        books.remove(2);
        print(books);
        System.out.println(books.indexOf(new String("D")));
        books.set(1, new String("E"));
        print(books);
        print(books.subList(1, 2));
    }
    public static void print(Collection<String>collection) {
        for (Object temp:collection) {
            System.out.print(temp + " ");
        }
        System.out.println();
    }
}
```

6.使用文本文件记录若干个英文单词及其对应的汉语翻译，利用 HashMap 散列结构以英文单词搜索对应的汉语翻译。

文本文件示例：apple 苹果　water 水　cat 猫　dog 狗　tiger 老虎

7.以圆形的半径和面积属性构建一个 TreeMap 集合，并按照半径排序输出若干圆形的信息。

第 10 章　图形用户界面

10.1　AWT 与 Swing

通过图形用户界面(Graphics User Interface,GUI),用户和程序之间可以方便地进行交互。Java 早期在进行图形用户界面设计时,使用 java. awt(Abstract Window Toolkit)抽象窗口工具包中提供的类,比如,利用 Button 创建按钮组件、利用 TextField 创建文本框组件等。当用 java. awt 包中的组件类创建组件时,会有一个相应的本地组件在为它工作(称为它的同位体),AWT 组件的设计原理是把与显示组件有关的许多工作和处理组件事件的工作交给相应的本地组件。因此我们把有同位体的组件称为"重量组件",基于重量组件的 GUI 设计有很多不足之处,比如,程序的外观在不同的平台上可能有所不同,而且重量组件的类型也不能满足 GUI 设计的需要,例如,不可能把一副图像添加到 AWT 按钮上,因为 AWT 按钮的外观绘制是由同位体来完成的,而同位体可能是用C++编写的,它的行为是不能被 Java 扩展的。另外,使用 AWT 进行 GUI 设计可能会消耗大量的系统资源。

在JDK 1. 2推出之后,Java 提供了 javax. swing 包,该包提供了功能更为强大的用来设计 GUI 的类。javax. swing 包中的类创建的组件称作 Swing 组件,其中大部分是轻量组件,没有同位体。Swing 的轻组件在设计上和 AWT 完全不同,轻组件把与显示组件有关的许多处理组件事件的工作交给相应的用户界面(User Interface,UI)代表来完成,这些 UI 代表是用 Java 语言编写的类,这些类被增加到 Java 的运行环境中,因此组件的外观不依赖于平台,不仅在不同平台上的外观是相同的,而且较重量组件而言有更高的性能。

然而,Swing 并没有完全替换掉 AWT,而是构建在 AWT 之上,除了包含 AWT 的替代组件外,还包含树和表等新组件。Swing 和 AWT 包中部分类的关系如图10-1所示,其中以 J 开头的类为 Swing 包中的类,无 J 开头的类为 AWT 包中的类。

在学习 GUI 编程时,必须很好地理解掌握两个概念:组件和容器。

(1) 组件

凡是能够以图形化的方式显示在屏幕上,并能与用户进行交互的对象都称为"组件"。

Java 把 Component 类的子类或间接子类创建的对象称为"一个组件"。

(2)容器

容器是一些实际上含有多组控件或其他容器的屏幕窗口。

Java 把 Container 的子类或间接子类创建的对象称为“一个容器”。

容器本身也是一个组件,因此可以把一个容器添加到另一个容器中实现容器的嵌套。

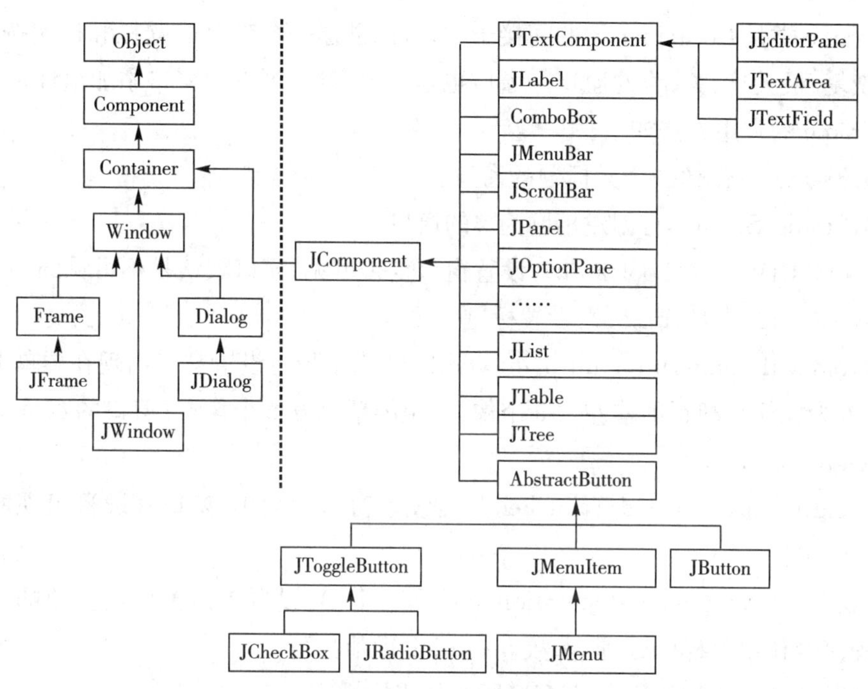

图 10-1 Swing 和 AWT 包中部分类之间的关系

10.2 Swing 组件

Swing 组件分为如下三种基本类型。

(1)底层容器

底层容器直接和操作系统交互,可以被直接显示、绘制在操作系统所控制的平台上,包括 JFrame、JDialog、JApplet、JWindow。它们是重量组件。

(2)中间容器

中间容器是轻量组件,置于底层容器中,包括 JPanel、Box、JScrollPane、JSplitPane、JLayeredPane 等。

(3)基本组件

基本组件是实现人机交互的组件,包括 JTextField、JTextArea、JButton、JLabel、JCheckBox、JRadioButton、JComboBox、JPasswordField 等。

底层容器可以显示在屏幕上，非底层容器必须处于底层容器中才可以被显示出来。

10.2.1 底层容器

1. JFrame

JFrame 类是 Container 类的间接子类，可以创建一个带有标题栏和控制按钮（最小化、恢复/最大化、关闭）的窗口。窗口也是一个容器，可以向窗口添加组件。

JFrame 的常用方法如下。

①JFrame()：创建一个无标题的窗口。

②JFrame(String s)：创建标题为 s 的窗口。

③void setVisible(boolean b)：设置窗口是否可见，窗口默认是不可见的。

④void setTitle(String s)：设置标题。

⑤void setBounds(int a,int b,int width,int height)：设置窗口出现在屏幕上时的初始位置为(a,b)，即距屏幕左边 a 个像素、距屏幕上方 b 个像素；窗口的宽是 width，高是 height。

⑥void setSize(int width,int height)：设置窗口的大小，窗口在屏幕出现的默认位置是(0,0)。

⑦void setDefaultCloseOperation(int operation)：设置单击窗体右上角的关闭图标后，程序会作出怎样的处理，参数 operation 取值如下。

- EXIT_ON_CLOSE：结束窗口所在的应用程序。
- DISPOSE_ON_CLOSE：隐藏当前窗口，并释放窗体占有的其他资源。
- HIDE_ON_CLOSE：隐藏当前窗口。
- DO_NOTHING_ONCLOSE：什么也不做。

这些参数都是 javax. swing. JFrame 类中的静态常量，需要导入，具体如下。

import static javax. swing. JFrame. *；

⑧void dispose()：撤销当前窗口，并释放当前窗口所使用的资源。

【例题 10.1】

```
import javax.swing.*;
import static javax.swing.JFrame.*;
public classMyJFrame{
    public static void main(String args[]){
        JFrame myJFrame = new JFrame();
        myJFrame.setTitle("我的窗口");
        myJFrame.setBounds(100,100,500,400);
        myJFrame.setDefaultCloseOperation(EXIT_ON_CLOSE);
```

```
        myJFrame.setVisible(true);
    }
}
```

运行结果如图 10-2 所示。

图 10-2 创建窗口

使用 JFrame 的构造方法创建一个标题为空的窗口，通过 setTitle 方法设置窗口的标题，通过 setBounds 方法设置窗口的位置和大小，通过 setDefaultCloseOperation 方法设置窗口右上角关闭按钮的作用为关闭窗口并结束应用程序，通过 setVisible 方法设置窗口可见。

注意：一般 setVisible 方法写在程序的最后，在窗口内所有组件都绘制完成后，再通过 SetVisible 方法设置窗口可见。

创建窗口还可以通过创建 JFrame 类的子类来实现。

【例题 10.2】

通过创建 JFrame 子类的方式实现如图 10-2 所示界面。

```
import javax.swing.*;
import static javax.swing.JFrame.*;
class MyJFrame extends JFrame{
    MyJFrame(String s,int x,int y,int w,int h){
        setTitle(s);
        setBounds(x,y,w,h);
        setDefaultCloseOperation(EXIT_ON_CLOSE);
    }
}
public class MyJFrameDemo{
    public static void main(String args[]){
        MyJFrame myJFrame = new MyJFrame("我的窗口",100,100,500,400);
        myJFrame.setVisible(true);
    }
}
```

创建 JFrame 类的子类窗口 MyJFrame 类，并使用它创建窗口。子类窗口 MyJFrame 类的构造方法通过调用从父类继承而来的 setTitle()、setBounds()、 setDefaultCloseOperation()方法，完成窗口的属性设置。

课堂练习 10.1

指出下面程序的运行结果。

```
import javax.swing.*;
import static javax.swing.JFrame.*;
class MyJFrame1 extends JFrame{
    MyJFrame1(String s,int x,int y,int w,int h){
        setTitle(s);
        setBounds(x,y,w,h);
        setDefaultCloseOperation(DISPOSE_ON_CLOSE);
    }
}
class MyJFrame2 extends JFrame{
    MyJFrame2(String s,int x,int y,int w,int h){
        setTitle(s);
        setBounds(x,y,w,h);
        setDefaultCloseOperation(EXIT_ON_CLOSE);
    }
}
public class Test{
    public static void main(String args[]){
        MyJFrame1 myJFrame1 = new MyJFrame1("我的窗口",100,100,300,150);
        myJFrame1.setVisible(true);
        MyJFrame2 myJFrame2 = new MyJFrame2("我的窗口",400,100,300,150);
        myJFrame2.setVisible(true);
    }
}
```

2. JDialog

JDialog 通常用来设计具有依赖关系的窗口，分为有模式和无模式两种。有模式对话框，会堵塞其他线程的执行；无模式对话框，不堵塞其他线程的执行。具体参见“10.5 对话框 JDialog”章节内容。

3. JApplet

JApplet 用来创建小应用程序，在浏览器中运行。目前已经很少使用。

4. JWindow

JWindow 是一个不带标题栏和控制按钮的窗口，使用较少。

10.2.2　中间容器

1. JPanel 面板

通常使用 JPanel 创建面板，向面板中添加组件，然后将这个面板添加到其他容器中。

2. Box 盒子

盒子容器就像盒子一样，被划分成一个个小格子。可以通过 Box 调用静态方法 createHorizontalBox()创建一个横向盒子，或者调用静态方法 createVerticalBox()创建一个纵向盒子。如果想控制盒中每个小格之间的距离，可以通过 Box 调用静态方法 createHorizontalStrut(int width)创建一个不可见的固定宽度的支撑组件，Box 调用静态方法 createVerticalStrut(int height)创建一个不可见的固定高度的支撑组件。一个横向盒子，可以在组件之间插入固定宽度的支撑组件；一个纵向盒子，可以在组件之间插入固定高度的支撑组件。

3. JScrollPane 滚动窗格

把组件放到一个滚动窗格中，通过滚动条操作组件。例如，JTextArea 不自带滚动条，因此可以把 JTextArea 组件放到滚动窗格中，间接实现滚动条。

JScrollPane scroll=new JScrollPane(new JTextArea())

4. JSplitPane 拆分窗格

按照水平和垂直两种方式进行拆分窗格，使其成为两个独立的容器，其拆分线可以移动。构造方法如下：

JSplitPane(int a,Component b,Component c)

参数 a 取值 HORIZONTAL_SPLIT、VERTICAL_SPLIT，以决定是水平拆分还是垂直拆分，后两个参数决定要放置的组件。

5. JLayeredPane 分层窗格

分层窗格共分为 5 层，使用：

add(JComponent com, int layer)

添加组件 com，并指定 com 所在的层，其中参数 layer 取值 DEFAULT_LAYER、PALETTE_LAYER、MODAL_LAYER、POPUP_LAYER、DRAG_LAYER。添加到 DEFAULT_LAYER 层的组件，如果和其他层的组件发生重叠，将被其他组件遮挡。当用户用鼠标移动某一组件时，该组件被自动设为 DRAG_LAYER 层，显示在最上层。添加到同一层上的组件，如果发生重叠，后添加的会遮挡先添加的组件。

分层窗格调用：

void setLayer(Component com,int layer)

可以重新设置组件 com 所在的层，调用：

int getLayer(Component com)

可以获取组件 com 所在的层数。

10.2.3 基本组件

1. JTextField 文本框

允许用户在文本框中输入单行文本。

2. JTextArea 文本区

允许用户在文本区输入多行文本。

3. JButton 按钮

允许用户单击按钮。

4. JLabel 标签

为用户提供信息提示。

5. JCheckBox 复选框

为用户提供多项选择，通常以矩形框形式表现，如图 10-3 所示。

图 10-3　复选框

6. JRadioButton 单选按钮

为用户提供单项选择，通常以圆圈形式表现，如图 10-4 所示。

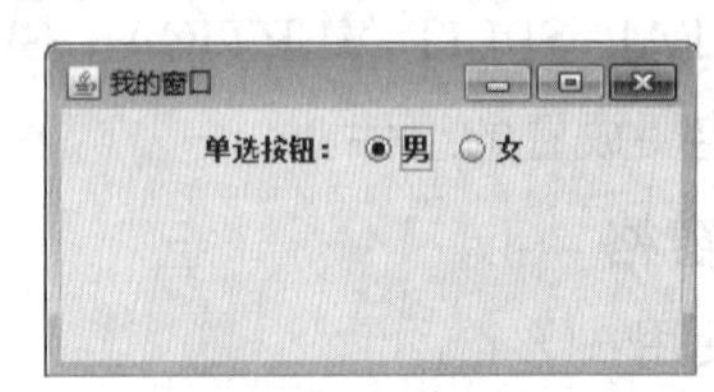

图 10-4　单选按钮

7. JComboBox 下拉列表

为用户提供单项选择，用户可以在下拉列表中看到第一个选项和它旁边的箭头按钮，当用户单击箭头按钮时，选项列表打开，如图 10-5 所示。

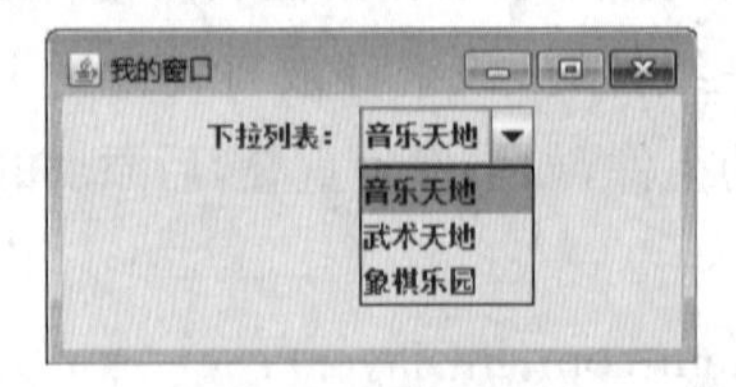

图 10-5　下拉列表框

8. JPasswordField 密码框

允许用户在密码框中输入单行密码，默认回显字符为“ * ”。

10.2.4 添加组件

1. 添加按钮

【例题 10.3】

```
import javax.swing. * ;
import static javax.swing.JFrame. * ;
class MyJFrame extends JFrame{
    MyJFrame(String s,int x,int y,int w,int h){
        setTitle(s);
        setBounds(x,y,w,h);
        setDefaultCloseOperation(EXIT_ON_CLOSE);
    }
}
public class JButtonDemo{
    public static void main(String args[]){
        MyJFrame myJFrame = new MyJFrame("我的窗口",100,100,200,100);
        JButton button = new JButton("按钮");
        myJFrame.add(button);
        myJFrame.setVisible(true);
    }
}
```

例题 10.3 在 JFrame 的实例 myJFrame 中添加了一个 JButton 实例 button，结果如图 10-6 所示。

图 10-6 添加按钮

其实在JDK 1.4或之前的版本中，是不能直接将 JButton 实例 button 添加到底层容器 JFrame 实例 frame 中的。语句：

frame.add(button);

应为 frame.getContentPane().add(button)。但是从JDK 1.5版本开始，Java 重写了 add()、remove()和 setLayout()这三个方法，可以由 frame 直接调用，等价于由 frame.getContentPane()调用。

那么为什么不能直接将 button 添加到 frame 中去呢，这需要了解一下 JFrame 的层次结构(如图 10-7 所示)。

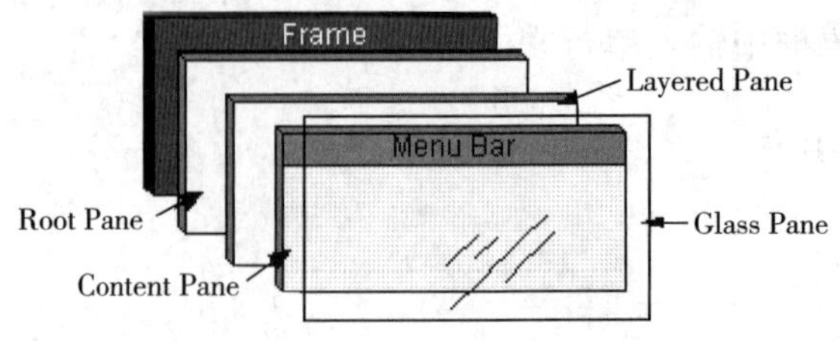

图 10-7　JFrame 层次结构

①Glass Pane 玻璃面板:默认是不可见的,可接收键盘或鼠标的响应事件等。

②Content Pane 内容面板:一个可见的容器,除了菜单条外,用户所能看见的窗口中的组件都被添加在内容面板中。

③Menu Bar 菜单条:可选组件。

④Layered Pane 分层面板:定位内容面板、菜单条和 Z 方向上添加的其他组件。

⑤Root Pane 底层面板:管理悬浮其上的 Layered Pane、Menu Bar、Content Pane、Glass Pane。

由此可知,在 JFrame 的窗体中显示的内容本质上都被添加在内容面板中,只有 add()、remove()和 setLayout()这三个方法可以在写法上省略 getContentPane()的调用,其他方法还是需要的。

课堂练习 10.2

编写程序实现如图 10-8 所示的用户界面(窗体背景为红色)。

图 10-8　红色窗口

2. 添加菜单

以如图 10-9 所示菜单为例讲解。

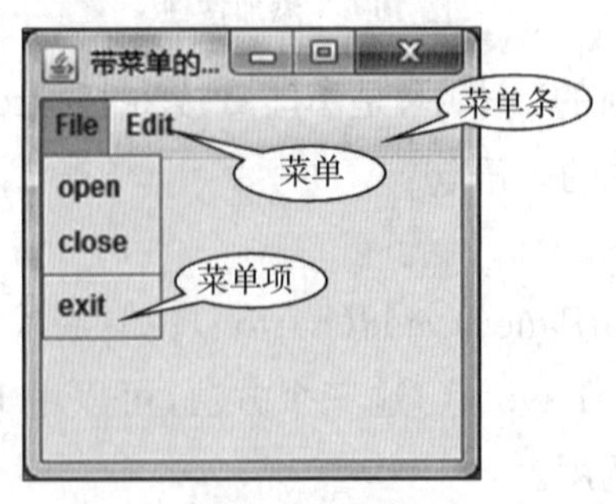

图 10-9　菜单

①菜单条。

JMenuBar menubar=new JMenuBar();

②菜单。

JMenu menu=new JMenu("菜单名");

③菜单项。

JMenuItem menuItem=new JMenuItem("菜单项名");

JMenuItem menuItem=new JMenuItem("菜单项名",Icon icon);

其中,icon是指菜单项上的图标对象,可以通过调用图像图标类的构造方法创建,如:

Icon icon=new ImageIcon("a.gif");

添加菜单的方法如下。

①将菜单项加到菜单里。

menu.add(menuItem);

②添加分隔线。

menu.addSeparator();

③将菜单加到菜单条里。

menubar.add(menu);

④将菜单条加到窗口里。

frame.setJMenuBar(menubar);

【例题10.4】

编写程序实现如图10-10所示的菜单。

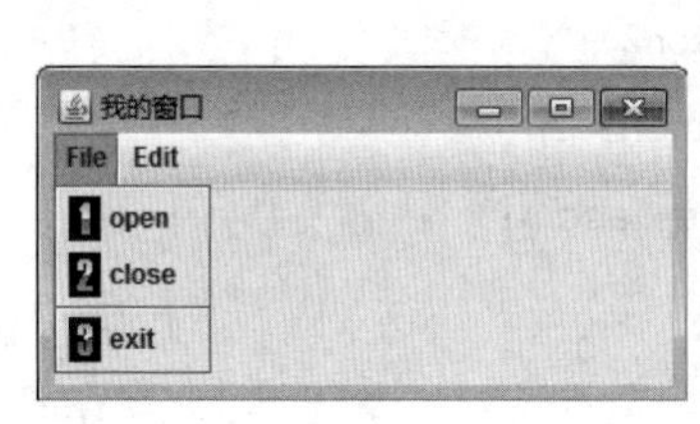

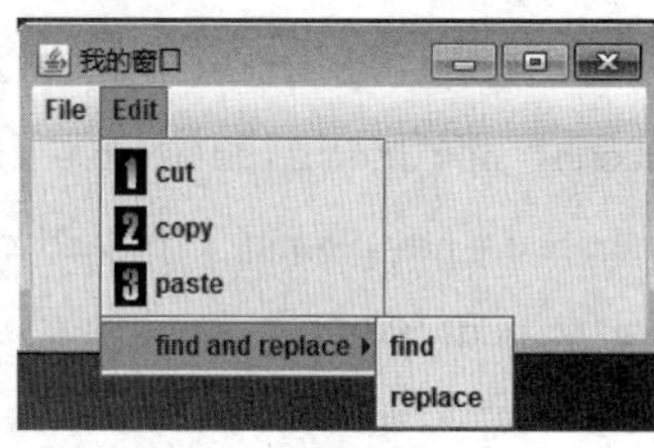

图10-10 菜单

```
import javax.swing.*;
import static javax.swing.JFrame.*;
import java.awt.*;
class MyJFrame extends JFrame{
    JMenuBar menubar;
    JMenu menu1,menu2,submenu;
    JMenuItem item1,item2,item3,item4;
```

```
Icon icon1,icon2,icon3;
MyJFrame(String s,int x,int y,int w,int h){
    setMenu();
    setLayout(new FlowLayout());
    setTitle(s);
    setBounds(x,y,w,h);
    setDefaultCloseOperation(EXIT_ON_CLOSE);
}
void setMenu(){
    menubar = new JMenuBar();
    menu1 = new JMenu("File");
    menu2 = new JMenu("Edit");
    icon1 = new ImageIcon("a.gif");
    icon2 = new ImageIcon("b.gif");
    icon3 = new ImageIcon("c.gif");
    item1 = new JMenuItem("open",icon1);
    item2 = new JMenuItem("close",icon2);
    item3 = new JMenuItem("exit",icon3);
    menu1.add(item1);
    menu1.add(item2);
    menu1.addSeparator();
    menu1.add(item3);
    item1 = new JMenuItem("cut",icon1);
    item2 = new JMenuItem("copy",icon2);
    item3 = new JMenuItem("paste",icon3);
    submenu = new JMenu("find and replace");
    menu2.add(item1);
    menu2.add(item2);
    menu2.add(item3);
    menu2.addSeparator();
    menu2.add(submenu);
    item1 = new JMenuItem("find");
    item2 = new JMenuItem("replace");
    submenu.add(item1);
    submenu.add(item2);
    menubar.add(menu1);
    menubar.add(menu2);
```

```
            setJMenuBar(menubar);
        }
    }
    public class MenuDemo{
        public static void main(String args[]){
            MyJFrame myJFrame = new MyJFrame("我的窗口",100,100,300,150);
            myJFrame.setVisible(true);
        }
    }
```

注意:图标文件 a. gif、b. gif、c. gif 的存放位置。

10.3 布局管理器

在例题 10.3 中添加了一个按钮 JButton 实例 button，这个按钮跟常见的按钮有点不同，似乎太大了，占据了整个 JFrame 空间。这与底层容器 JFrame 的布局管理有关。

当把组件添加到容器中时，如果希望控制组件在容器中的位置，可以使用方法:

setLayout(布局对象);

设置自己的布局。常用的布局类有 FlowLayout、BorderLayout、CardLayout、GridLayout、BoxLayout。如果不采用这些布局类，可以先设置布局对象为 null，然后手动安排每个组件的位置。这是很麻烦的事情。因此一般绘制图形用户界面都需要设置布局对象。

10.3.1 FlowLayout 布局类

FlowLayout 布局类是 java. awt 包中的布局类，是 JPanel 的默认布局。FlowLayout 布局将窗口中的组件按照加入的先后顺序从左向右排列，一行排满之后就转入下一行继续从左至右排列。对于添加到使用 FlowLayout 布局的容器中的组件，组件调用 setSize(int x,int y)设置的大小无效。

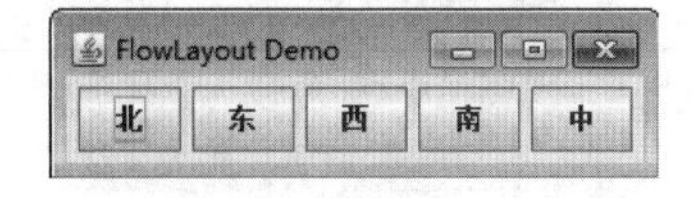

图 10-11 FlowLayout 布局

FlowLayout 布局对象调用 setAlignment(int align)方法可以重新设置布局的对齐方式，其中参数 align 可以取值 FlowLayout. LEFT、FlowLayout. CENTER、FlowLayout. RIGHT，默认取值 CENTER。FlowLayout 布局对象调用 setHgap(int hgap)和 setVgap (int vgap)方法可以重新设置水平间隙和垂直间隙，默认均为 5 个像素。

假设一个容器 con 需要设置为 FlowLayout 布局格式，对窗口中的组件按照 FlowLayout 布局安排位置。那么，con 可以调用语句：

FlowLayout flow=new FlowLayout()；

con. setLayout(flow)；

或者

con. setLayout(new FlowLayout())；

对例题 10.3 进行修改。

【例题 10.5】

```
import javax.swing.*;
import static javax.swing.JFrame.*;
import java.awt.*;
class MyJFrame extends JFrame{
    MyJFrame(String s,int x,int y,int w,int h){
        setTitle(s);
        setBounds(x,y,w,h);
        setDefaultCloseOperation(EXIT_ON_CLOSE);
    }
}
public class JButtonDemo{
    public static void main(String args[]){
        MyJFrame myJFrame = new MyJFrame("我的窗口",100,100,200,100);
        myJFrame.setLayout(new FlowLayout());
        JButton button = new JButton("按钮");
        myJFrame.add(button);
        myJFrame.setVisible(true);
    }
}
```

结果如图 10-12 所示。

图 10-12　设置 FlowLayout 布局

这样的按钮看起来比较正常。但是整个 JFrame 中只有一个按钮，窗口设置明显大了。其实可以在添加完组件后，使用语句

myJFrame. pack()；

让窗体自动调整大小到刚好可以容纳要显示的内容，如图 10-13 所示。

图 10-13 pack()之后

课堂练习 10.3

编写程序实现如图 10-11 所示界面。

10.3.2 BorderLayout 布局类

BorderLayout 布局类是 java.awt 包中的布局类，是 JFrame、JDialog 的默认布局。BorderLayout 布局将窗口中的组件按照指定的空间位置(东、南、西、北、中)进行排定。

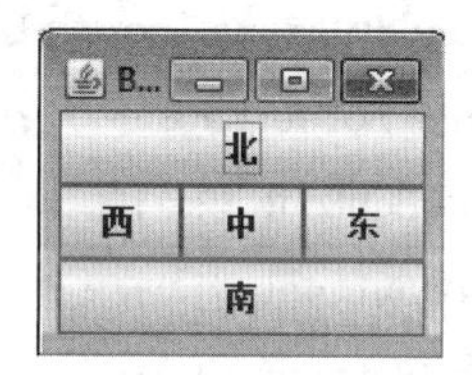

图 10-14 BorderLayout 布局

假设一个容器 con 需要设置为 BorderLayout 布局格式，对窗口中的组件按照 BorderLayout 布局安排位置。那么，con 可以调用语句：

BorderLayout border=new BorderLayout();

con.setLayout(border);

或者

con.setLayout(new BorderLayout());

con 在使用 add()方法添加组件时，需要指定空间位置，取值为 BorderLayout.CENTER、BorderLayout.NORTH、BorderLayout.SOUTH、BorderLayout.WEST、BorderLayout.EAST。如：

con.add(new JButton("北"),BorderLayout.NORTH);

在 con 的北部添加一个按钮“北”。

每个区域只能放置一个组件，如果向某个已经放置了组件的区域再放置一个组件，那么先前的组件将被后者替换掉。使用 BorderLayout 布局的容器最多能添加五个组件，如果需要加入更多组件，必须使用容器的嵌套或者改用其他的布局策略。

如果东、西、南、北四个边界区域都没有使用，那么中部区域将会占据整个窗口。因此，例题 10.3 添加的按钮填充了整个窗口。

【例题 10.6】

编程实现如图 10-14 所示的界面。

```
import javax.swing.*;
import static javax.swing.JFrame.*;
import java.awt.*;
class MyJFrame extends JFrame{
    MyJFrame(String s,int x,int y,int w,int h){
        setTitle(s);
        setBounds(x,y,w,h);
        setDefaultCloseOperation(EXIT_ON_CLOSE);
    }
}
public class BorderLayoutDemo{
    public static void main(String args[]){
        MyJFrame myJFrame = new MyJFrame("BorderLayout Demo",100,100,300,300);
        myJFrame.setLayout(new BorderLayout());
        JButton button1 = new JButton("东");
        JButton button2 = new JButton("南");
        JButton button3 = new JButton("西");
        JButton button4 = new JButton("北");
        JButton button5 = new JButton("中");
        myJFrame.add(button1,BorderLayout.EAST);
        myJFrame.add(button2,BorderLayout.SOUTH);
        myJFrame.add(button3,BorderLayout.WEST);
        myJFrame.add(button4,BorderLayout.NORTH);
        myJFrame.add(button5,BorderLayout.CENTER);
        myJFrame.pack();
        myJFrame.setVisible(true);

    }
}
```

10.3.3 CardLayout 布局类

CardLayout 布局类是 java.awt 包中的布局类。CardLayout 布局策略是将加入容器的组件层叠在容器中，最先加入容器的是第一张（在最上面），依次向下排列。CardLayout 布局的特点是，同一时刻容器中只能从组件中选一个出来显示，就像叠扑克牌，每次只能显示其中的一张，这个被显示的组件将占据所有的容器空间。

假设一个容器 con 需要设置为 CardLayout 布局格式，对窗口中的组件按照 CardLayout 布局安排位置。那么，con 可以调用语句：

CardLayout card=new CardLayout ();

con. setLayout(card);

或者

con. setLayout(new CardLayout ());

容器可以调用 add(String s,Component b)将组件 b 加入容器，并同时设置组件的代号 s。组件的代号是一个字符串，和组件的名字没有必然联系。但是，不同的组件代码必须互不相同。最先加入 con 的是第一张，依次排序。

创建的布局 card 用 CardLayout 类提供的 show()方法，显示容器 con 中组件代号为 s 的组件：

card. show(con,s);

也可以按组件加入容器的顺序显示组件：card. first(con)显示 con 中第一个组件；card. last(con)显示 con 中最后一个组件；card. next(con)显示当前正在被显示的组件的下一个组件；card. previous(con)显示当前正在被显示的组件的前一个组件。

【例题 10.7】

编程实现如图 10-15 所示的界面。

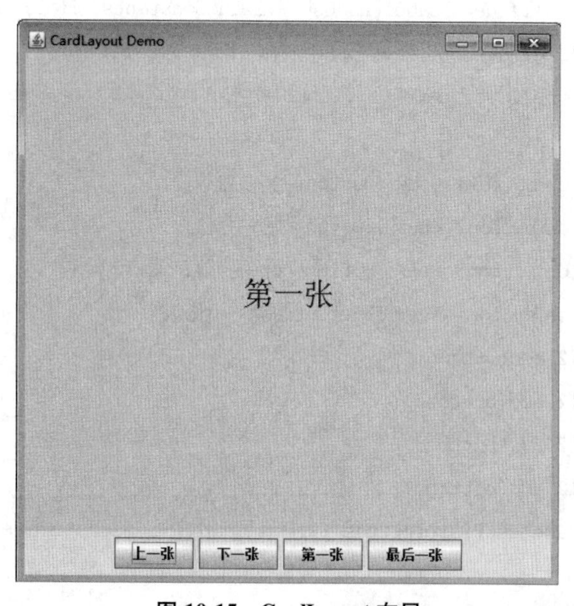

图 10-15　CardLayout 布局

```
import javax. swing. * ;
import static javax. swing. JFrame. * ;
import java. awt. * ;
class MyJFrame extends JFrame{
```

```
    MyJFrame(String s,int x,int y,int w,int h){
        setTitle(s);
        setBounds(x,y,w,h);
        setDefaultCloseOperation(EXIT_ON_CLOSE);
    }
}
public class CardLayoutDemo{
    public static void main(String args[]){
        MyJFrame myJFrame = new MyJFrame("CardLayout Demo",100,100,500,500);
        JPanel panel1 = new JPanel();
        panel1.setLayout(new CardLayout());
        panel1.setBackground(Color.yellow);
        JPanel panel2 = new JPanel();
        myJFrame.add(panel1,BorderLayout.CENTER);
        myJFrame.add(panel2,BorderLayout.SOUTH);
        String[] names = {"第一张","第二张","第三张","第四张","第五张"};
        JLabel label;
        for (int i = 0 ; i<names.length ; i++){
            label = new JLabel(names[i],SwingConstants.CENTER);
            label.setFont(new Font("宋体",Font.PLAIN,28));
            panel1.add(names[i],label);
        }
        JButton button1 = new JButton("上一张");
        JButton button2 = new JButton("下一张");
        JButton button3 = new JButton("第一张");
        JButton button4 = new JButton("最后一张");
        panel2.add(button1);
        panel2.add(button2);
        panel2.add(button3);
        panel2.add(button4);
        myJFrame.setVisible(true);
    }
}
```

10.3.4 GridLayout 布局类

GridLayout 布局类是 java.awt 包中的布局类。GridLayout 布局策略是把容器划分成若干行乘若干列的网格区域，组件就位于这些划分出来的小格中。

假设一个容器con需要设置为3×2的GridLayout布局格式，对窗口中的组件按照从左到右、从上到下的顺序排列。那么，con可以调用语句：

GridLayout grid=new GridLayout (3,2);

con.setLayout(grid);

或者

con.setLayout(new GridLayout(3,2));

【例题10.8】

编程实现如图10-16所示的界面。

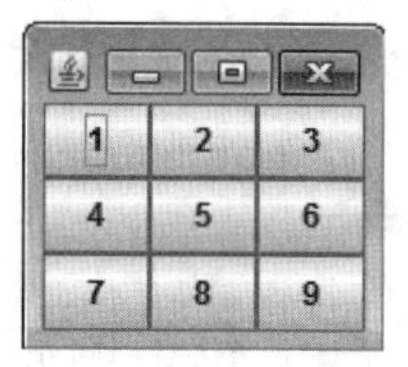

图10-16　GridLayout布局

```
import javax.swing.*;
    import static javax.swing.JFrame.*;
    import java.awt.*;
    class MyJFrame extends JFrame{
        MyJFrame(String s,int x,int y,int w,int h){
            setTitle(s);
            setBounds(x,y,w,h);
            setDefaultCloseOperation(EXIT_ON_CLOSE);
        }
    }
    public classGridLayoutDemo{
        public static void main(String args[]){
            MyJFrame myJFrame = new MyJFrame("GridLayout Demo",100,100,500,500);
            myJFrame.setLayout(new GridLayout(3,3));
            JButton button[] = new JButton[9];
            for(int i = 0;i<9;i + + ){
                button[i] = new JButton(String.valueOf(i + 1));
                myJFrame.add(button[i]);
            }
            myJFrame.pack();
            myJFrame.setVisible(true);
        }
    }
```

课堂练习 10.4

编写程序实现如图 10-17 所示的用户界面。

图 10-17　嵌套布局

10.3.5　BoxLayout 布局类

BoxLayout 布局类是 javax. swing 包中的布局类，是 Box 容器的默认布局。BoxLayout 称为“盒式布局”，将组件排列在一行或一列，且按照组件加入的先后顺序依次排列，容器的两端是剩余的空间。在 BoxLayout 布局中，如果组件很多，这些组件也不会像在 FlowLayout 布局中一样被延伸到下一行(列)，而是这些组件被缩小紧缩在这一行(列)中。

假设一个容器 con 需要一个横向盒式布局，对窗口中的组件按照从左到右的顺序排列。那么，可以通过调用 BoxLayout()构造方法设置容器为横向盒式布局。

BoxLayout boxLayout=new BoxLayout(con,BoxLayout. X_AXIS)；

假设一个容器 con 需要一个纵向盒式布局，对窗口中的组件按照从上到下的顺序排列。那么，可以通过调用 BoxLayout()构造方法设置容器为纵向盒式布局。

BoxLayout boxLayout=new BoxLayout(con,BoxLayout. Y_AXIS)；

【例题 10.9】

编程实现如图 10-18 所示的界面。

图 10-18　BoxLayout 布局

```
import javax.swing.*;
import static javax.swing.JFrame.*;
class MyJFrame extends JFrame{
    MyJFrame(String s,int x,int y,int w,int h){
        setTitle(s);
        setBounds(x,y,w,h);
```

```
            setDefaultCloseOperation(EXIT_ON_CLOSE);
        }
    }
    public class BoxLayoutDemo{
        public static void main(String args[]){
            MyJFrame myJFrame = new MyJFrame("BoxLayout Demo",100,100,300,300);
            JPanel panel = new JPanel();
            BoxLayout boxLayout = new BoxLayout(panel,BoxLayout.X_AXIS);
            myJFrame.add(panel);
            String[] names = {"北","东","西","南","中"};
            JButton button[] = new JButton[5];
            for(int i = 0;i<5;i++){
                button[i] = new JButton(names[i]);
                panel.add(button[i]);
            }
            myJFrame.pack();
            myJFrame.setVisible(true);
        }
    }
```

如果是 Box 容器，则其默认布局就是盒式布局，此时可以省略 BoxLayout 布局的设置。

【例题 10.10】

编程实现如图 10-19 所示的界面。

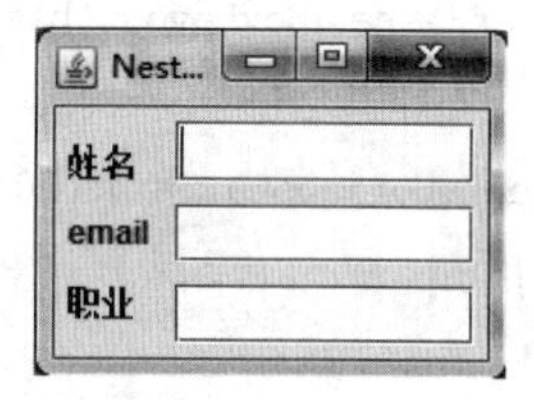

图 10-19 嵌套的 BoxLayout 布局

```
import java.awt.*;
import javax.swing.*;
import static javax.swing.JFrame.*;
class MyJFrame extends JFrame{
    MyJFrame(String s,int x,int y,int w,int h){
        setTitle(s);
        setBounds(x,y,w,h);
```

```
            setDefaultCloseOperation(EXIT_ON_CLOSE);
        }
    }
    public class NestedBoxLayoutDemo{
        public static void main(String args[]){
            MyJFrame myJFrame = new MyJFrame("Nested BoxLayout Demo",100,100,300,300);
            myJFrame.setLayout(new FlowLayout());
            Box boxV1 = Box.createVerticalBox();
            //BoxLayout boxLayout1 = new BoxLayout(boxV1,BoxLayout.Y_AXIS);
            boxV1.add(new JLabel("姓名"));
            boxV1.add(Box.createVerticalStrut(8));
            boxV1.add(new JLabel("email"));
            boxV1.add(Box.createVerticalStrut(8));
            boxV1.add(new JLabel("职业"));

            Box boxV2 = Box.createVerticalBox();
            //BoxLayout boxLayout2 = new BoxLayout(boxV2,BoxLayout.Y_AXIS);
            boxV2.add(new JTextField(10));
            boxV2.add(Box.createVerticalStrut(8));
            boxV2.add(new JTextField(10));
            boxV2.add(Box.createVerticalStrut(8));
            boxV2.add(new JTextField(10));

            Box baseBox = Box.createHorizontalBox();
            //BoxLayout boxLayout3 = new BoxLayout(baseBox,BoxLayout.X_AXIS);
            baseBox.add(boxV1);
            baseBox.add(Box.createHorizontalStrut(10));
            baseBox.add(boxV2);

            myJFrame.add(baseBox);
            myJFrame.pack();
            myJFrame.setVisible(true);
        }
    }
```

以上程序创建了两个纵向盒式容器 boxV1、boxV2 和一个横向盒式容器 baseBox，在纵向盒式容器的组件之间创建了垂直支撑，控制组件之间的距离，将 boxV1、boxV2 添加到 baseBox 中，并在他们之间添加了水平支撑。

由于 Box 容器的默认布局为 BoxLayout，因此其布局的设置是可以省略的。

10.3.6　null 布局类

可以把一个容器的布局设置为 null,即空布局,也就是不采用任何布局格式。组件可以通过 setBounds(int a,int b,int width,int height)方法设置大小和在容器中的位置。

10.4　事件处理机制

10.4.1　事件处理

容器和组件完成了图形用户界面的绘制,下面的任务就是通过事件处理实现组件对用户操作的响应,即单击按钮、在文本框中按回车、在下拉列表框中选择一个条目、选择一个菜单等操作后,程序需要作出什么样的处理。

下面从一个例子开始介绍事件处理机制。

【例题 10.11】

图 10-20　按钮事件处理

```
import javax.swing.*;
    import java.awt.*;
    import java.awt.event.ActionEvent;
    import java.awt.event.ActionListener;
    class MyJFrame extends JFrame {
        MyJFrame(String s,int x,int y,int w,int h){
            setLayout(new FlowLayout());
            setTitle(s);
            setBounds(x,y,w,h);
            setDefaultCloseOperation(EXIT_ON_CLOSE);
        }
    }
    public classActionDemoV1{
        public static void main(String args[]){
            MyJFrame myJFrame = new MyJFrame("我的窗口",100,100,200,100);
            JButton button = new JButton("Press me!"); //事件源
            myJFrame.add(button);
            JButtonHandler listener = new JButtonHandler(); //监听器对象
```

```
            button.addActionListener(listener);//建立事件源与监听器对象之间的关系
            myJFrame.setVisible(true);
        }
    }
    class JButtonHandler implements ActionListener {//处理事件的接口 ActionListener
        public void actionPerformed(ActionEvent e){//事件类型 ActionEvent
            System.out.println("Action occurred");//事件发生后所执行的语句
        }
    }
```

程序运行后,点击按钮"Press me!",在屏幕上输出"Action occurred"。

对上例进行分析。

(1)事件源

产生事件的对象称为"事件源",在上例中按钮为事件源。

(2)事件类型

- 文本框、按钮、菜单项、密码框和单选按钮都可以触发 ActionEvent 事件。
- 选择框、下拉列表都可以触发 ItemEvent 事件。
- 文本区内容发生变化可以触发 DocumentEvent 事件。
- 任何组件上都可以触发 MouseEvent 事件。
- 任何组件上都可以触发 FocusEvent 事件。
- 当按下、释放或敲击键盘上的一个键时可以触发 KeyEvent 事件。

上例中按钮被点击,触发 ActionEvent 事件。

(3)监听器

为了对事件源进行监听,需要一个监听器对象,它专门负责监听事件源的事件,并对发生的事件作出处理。上例中 listener 为监听器对象。

(4)处理事件的接口

Java 规定:为了让监视器能对事件源发生的事件进行处理,监听器对象所属的类必须声明实现相应的接口,那么当事件源发生事件时,监听器就自动调用被类重写的某个接口方法。

- 如果发生 ActionEvent 事件,监听器对象类必须声明实现 ActionListener 接口。
- 如果发生 ItemEvent 事件,监听器对象类必须声明实现 ItemListener 接口。
- 如果发生 DocumentEvent 事件,监听器对象类必须声明实现 DocumentListener 接口。
- 如果发生 MouseEvent 事件,监听器对象类必须声明实现 MouseListener 接口。
- 如果发生 FocusEvent 事件,监听器对象类必须声明实现 FocusListener 接口。
- 如果发生 KeyEvent 事件,监听器对象类必须声明实现 KeyListener 接口。

监听器对象类声明实现某个接口，就必须在类体中重写接口中所有方法。上例中监听器对象类 JButtonHandler 实现 ActionListener 接口，并重写其中的 actionPerformed 方法。

当按钮被点击，触发 ActionEvent 事件时，监听器对象执行 actionPerformed 方法，对发生的事件进行处理，此时产生的 ActionEvent 事件对象就会传递给该方法的参数 e。

ActionEvent 事件对象可以调用如下方法获取事件的基本信息，包括：

• Object getSource()获取 ActionEvent 事件的事件源对象的引用，即将事件源上转型为 Object 对象，并返回这个上转型对象的引用。

• String getActionCommand()获取 ActionEvent 事件发生时，和该事件相关的一个命令字符串。如文本框发生 ActionEvent 事件时，与事件相关的命令字符串就是文本框中的文本字符串。

Java 规定每一种用户操作都会发生指定的事件，并规定当事件发生时，监听器对象需要回调指定的接口中的指定方法。

(5)程序执行过程

由于按钮"Press me!"为事件源，其上通过 addActionListener 方法添加了监听器对象 listener。

因此，当按钮被点击时，产生了 ActionEvent 事件，这时其上的监听器对象 listener 监听到该事件，并执行监听器对象类中的 actionPerformed 方法，在屏幕上输出"Action occurred"。

在上例中点击按钮后在命令行输出结果，这似乎不符合 GUI 设计的理念，用户希望在窗口的某个组件，如文本区看到输出结果。于是，对上例进行修改。

【例题 10.12】

```
import javax.swing.*;
import static javax.swing.JFrame.*;
import java.awt.event.*;
import java.awt.*;
class MyJFrame extends JFrame{
    MyJFrame(String s,int x,int y,int w,int h){
        setLayout(new FlowLayout());
        setTitle(s);
        setBounds(x,y,w,h);
        setDefaultCloseOperation(EXIT_ON_CLOSE);
    }
}
public classActionDemoV2{
```

```
        public static void main(String args[]){
            MyJFrame myJFrame = new MyJFrame("我的窗口",100,100,400,300);
            JButton button = new JButton("Press me!");
            myJFrame.add(button);
            JTextArea textArea = new JTextArea(9,30);
            myJFrame.add(new JScrollPane(textArea));
            JButtonHandler listener = new JButtonHandler();
            button.addActionListener(listener);
            myJFrame.setVisible(true);
        }
    }
    class JButtonHandler implements ActionListener{
        public void actionPerformed(ActionEvent e){
            System.out.println("Action occurred");
        }
    }
```

我们发现，虽然在窗口中添加了文本区，但是监听器对象监听到 ActionEvent 事件后，执行的 actionPerformed 方法并不能获取到文本区。因此还不能在文本区输出结果。

如何在 actionPerformed 方法中引用到文本区对象呢？有多种方法来解决该问题。其中一个比较好的方法就是，将添加到窗口中的所有控件整合到窗口设计中，同时让窗口设计类为监听器对象类。这样的好处是，监听器对象类能引用到窗口设计类中的所有组件。继续对上例进行修改。

【例题 10.13】

```
import javax.swing.*;
import java.awt.*;
import java.awt.event.ActionEvent;
import java.awt.event.ActionListener;
class MyJFrame extends JFrame implements ActionListener{
    JTextArea textArea;
    MyJFrame(String s,int x,int y,int w,int h){
        //窗口属性
        setLayout(new FlowLayout());
        setTitle(s);
        setBounds(x,y,w,h);
        setDefaultCloseOperation(EXIT_ON_CLOSE);
        //添加的控件
        JButton button = new JButton("Press me!");
```

```
            add(button);
            textArea = new JTextArea(9,30);
            add(new JScrollPane(textArea));
            button.addActionListener(this);//监听器对象即为当前对象 this
        }
        public void actionPerformed(ActionEvent e){
            textArea.append("Action occurred\n");
        }
    }
    public classActionDemoV3{
        public static void main(String args[]){
            MyJFrame myJFrame = new MyJFrame("我的窗口",100,100,400,300);
            myJFrame.setVisible(true);
        }
    }
```

actionPerformed 方法中引用的控件 textArea 需要被设计为窗口类的成员变量，以至于其可以被类中所有的方法所引用。

执行程序，效果如图 10-21 所示。

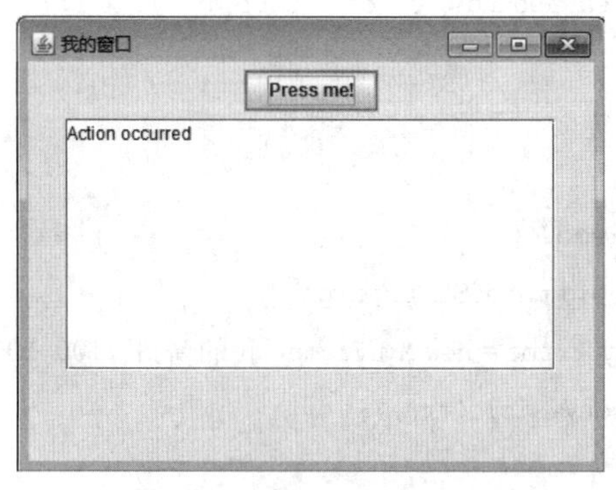

图 10-21　改进的按钮事件处理

上例中点击按钮"Press me!"后，在文本区输出了"Action occurred"，符合 GUI 设计的理念。

另外，在上例中只有一个按钮"Press me!"，如果有多个按钮，则需要判断是哪个按钮触发了 ActionEvent 事件，因此进一步修改上例。

【例题 10.14】

```
import javax.swing.*;
import java.awt.*;
import java.awt.event.ActionEvent;
import java.awt.event.ActionListener;
```

```
class MyJFrame extends JFrame implements ActionListener{
    JTextArea textArea;
    JButton button;
    MyJFrame(String s,int x,int y,int w,int h){
        //窗口属性
        setLayout(new FlowLayout());
        setTitle(s);
        setBounds(x,y,w,h);
        setDefaultCloseOperation(EXIT_ON_CLOSE);
        //添加的控件
        button = new JButton("Press me!");
        add(button);
        textArea = new JTextArea(9,30);
        add(new JScrollPane(textArea));
        button.addActionListener(this);//监听器对象即为当前对象 this
    }
    public void actionPerformed(ActionEvent e){
        if(e.getSource().equals(button)) {
            textArea.append("Action occurred\n");
        }
    }
}
public classActionDemoV4{
    public static void main(String args[]){
        MyJFrame myJFrame = new MyJFrame("我的窗口",100,100,400,300);
        myJFrame.setVisible(true);
    }
}
```

在 actionPerformed 方法中，首先判断 ActionEvent 事件源是不是“Press me!”，如果是，则在文本区 textArea 中追加输出结果。其引用的控件 button 同样需要设计为窗口类的成员变量，否则其有效范围在窗口类的构造方法中，而在 actionPerformed 方法中不可见。

上述程序版本的更迭是为了追求程序的实用性和代码的简洁性。

10.4.2 其他事件类型

上一节曾经介绍过事件的类型，包括：

- ActionEvent 事件；

- ItemEvent 事件；
- DocumentEvent 事件；
- MouseEvent 事件；
- FocusEvent 事件；
- KeyEvent 事件。

1. ItemEvent 事件

(1) 事件源

选择框、下拉列表框都可以触发 ItemEvent 事件。

选择框提供两种状态：一种是选中，另一种是未选中。对于注册了监听器的选择框，当用户的操作使得选择框从未选中状态变成选中状态，或从选中状态变成未选中状态时，就触发 ItemEvent 事件。

对于注册了监听器的下拉列表框，如果用户选中下拉列表中的某个选项，就会触发 ItemEvent 事件。

(2) 注册监听器

事件源通过使用 addItemListener 方法，注册监听器对象。

(3) 监听器对象类

监听器对象类需实现 ItemListener 接口，并实现其中的一个方法：

public void itemStateChanged(ItemEvent e)

事件源产生 ItemEvent 事件后，监听器对象执行 itemStateChanged 方法对事件进行处理，此时产生的 ItemEvent 事件对象会传递给该方法的参数 e。

ItemEvent 事件对象除了可以使用 getSource 方法获取事件源外，还可以使用 getSelectedItem()方法获取当前所选项。

【例题 10.15】

下拉列表中的选项是当前目录下 Java 文件的名字，用户选择下拉列表的选项后，监听器负责在文本区显示文件的内容。程序运行效果如图 10-22 所示。

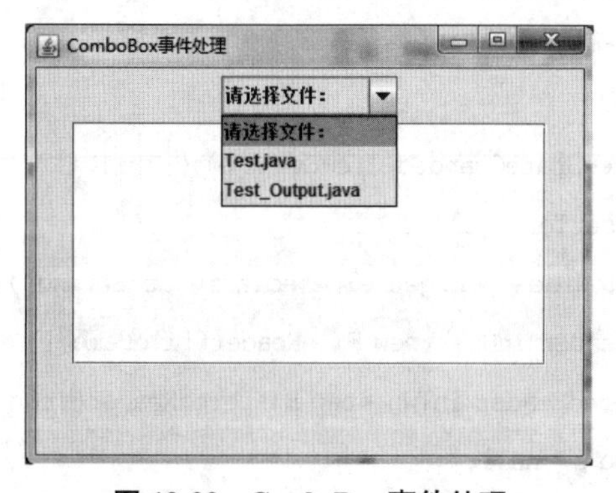

图 10-22 ComboBox 事件处理

```
import javax.swing.*;
import java.awt.event.*;
import java.awt.*;
import java.io.*;
class MyJFrame extends JFrame implements ItemListener{
    JTextArea textArea;
    JComboBox jcb;
    MyJFrame(String s,int x,int y,int w,int h){
        setLayout(new FlowLayout());
        setTitle(s);
        setBounds(x,y,w,h);
        setDefaultCloseOperation(EXIT_ON_CLOSE);
        File dir = new File(".");
        String[] fileName = dir.list(new FilenameFilter() {
            public boolean accept(File dir, String name) {
                return name.endsWith(".java");
            }
        });
        String itemList[] = new String[fileName.length + 1];
        itemList[0] = "请选择文件:";
        for(int i = 0;i<fileName.length;i++){
            itemList[i + 1] = fileName[i];
        }
        jcb = new JComboBox(itemList);
        add(jcb);
        textArea = new JTextArea(9,30);
        add(new JScrollPane(textArea));
        jcb.addItemListener(this);
    }
    public void itemStateChanged(ItemEvent e) {
        textArea.setText(null);
        String fileName = jcb.getSelectedItem().toString();
        try(FileReader inOne = new FileReader(fileName);
            BufferedReader inTwo = new BufferedReader(inOne)){
            String s = null;
            while((s = inTwo.readLine())! = null) {
```

```
                textArea.append(s + "\n");
            }
        }catch(Exception ee) {
            textArea.append(ee.toString());
        }
    }
}
public class ItemEventDemo{
    public static void main(String args[]){
        MyJFrame myJFrame = new MyJFrame("ComboBox 事件处理",100,100,400,300);
        myJFrame.setVisible(true);
    }
}
```

2. DocumentEvent 事件

(1)事件源

文本区含有一个实现 Document 接口的实例,该实例被称作文本区所维护的文档,文本区调用 getDocument()方法返回所维护的文档。文本区所维护的文档能触发 DocumentEvent 事件。需要特别注意的是,DocumentEvent 不在 java. awt. event 包中,而是在 javax. swing. event 包中。用户在文本区中进行文本编辑操作,使得文本区中的文本区内容发生变化,将导致文本区所维护的文档模型中的数据发生变化,从而导致文本区所维护的文档触发 DocumentEvent 事件。

(2)注册监听器

事件源通过使用 addDocumentListener(DocumentListener listen)注册监听器对象。

(3)监听器对象类

监听器对象类需实现 javax. swing. event 包中的 DocumentListener 接口,并实现其中的三个方法:

public void changedUpdate(DocumentEvent e)

public void insertUpdate(DocumentEvent e)

public void removeUpdate(DocumentEvent e)

事件源产生 DocumentEvent 事件后,监听器对象执行 insertUpdate 方法对插入事件进行处理,执行 removeUpdate 方法对删除事件进行处理,执行 changedUpdate 方法对变化事件进行处理。此时产生的事件对象会传递给这些方法的参数 e。

【例题 10.16】

```
import javax.swing.*;
import javax.swing.event.*;
import java.awt.*;
class MyJFrame extends JFrame implements DocumentListener{
    JTextArea inputText,showText;
    MyJFrame(String s,int x,int y,int w,int h){
        setLayout(new FlowLayout());
        setTitle(s);
        setBounds(x,y,w,h);
        setDefaultCloseOperation(EXIT_ON_CLOSE);

        inputText = new JTextArea(8,15);
        showText = new JTextArea(8,15);
        add(new JScrollPane(inputText));
        add(new JScrollPane(showText));
        (inputText.getDocument()).addDocumentListener(this);//向文档注册监视器
    }
    public void changedUpdate(DocumentEvent e) {
        String str = inputText.getText();
        showText.setText(str);
    }
    public void insertUpdate(DocumentEvent e) {
        changedUpdate(e);
    }
    public void removeUpdate(DocumentEvent e) {
        changedUpdate(e);
    }
}
public class DocumentEventDemo{
    public static void main(String args[]){
        MyJFrame myJFrame = new MyJFrame("处理 DocumentEvent 事件",100,100,400,300);
        myJFrame.setVisible(true);
    }
}
```

窗口中有两个文本区，用户在左边文本区输入若干字符，右边文本区同步显示。如图10-23所示。

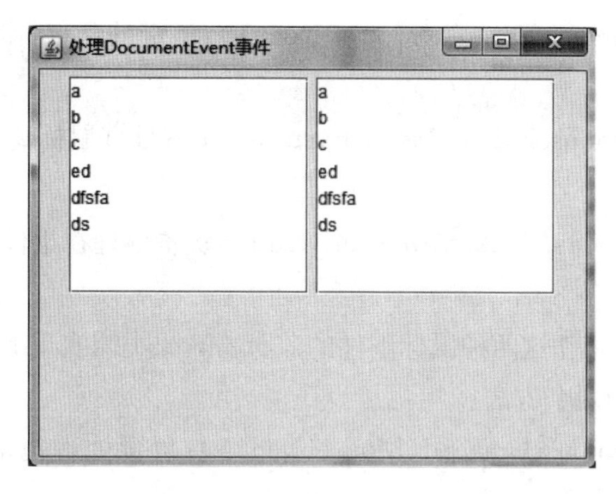

图10-23　处理DocumentEvent事件

3. MouseEvent事件

(1)事件源

任何组件都可以触发MouseEvent事件。如鼠标进入组件、退出组件、在组件上方单击鼠标、拖动鼠标等都会触发鼠标事件。

(2)注册监听器

事件源通过使用addMouseListener方法，注册监听器对象，监听事件源发生的以下五种鼠标事件。

①在事件源上按下鼠标键；

②在事件源上释放鼠标键；

③在事件源上单击鼠标键；

④鼠标进入事件源；

⑤鼠标退出事件源。

事件源通过使用addMouseMotionLinstener方法，注册监听器对象，监听事件源发生的以下两种鼠标事件。

①在事件源上拖动鼠标；

②在事件源上移动鼠标。

(3)监听器对象类

监听鼠标按下、释放、单击、进入、退出这五种鼠标事件的监听器对象类需实现MouseListener接口，并实现其中的五个方法。

①public void mousePressed(MouseEvent e)：负责处理在组件上按下鼠标键触发的鼠标事件。

②public void mouseReleased(MouseEvent e)：负责处理在组件上释放鼠标键触发的鼠标事件。

③public void mouseEntered(MouseEvent e)：负责处理鼠标进入组件触发的鼠标事件。

④public void mouseExited(MouseEvent e)：负责处理鼠标离开组件触发的鼠标事件。

⑤public void mouseClicked(MouseEvent e)：负责处理在组件上单击鼠标键触发的鼠标事件。

监听鼠标拖动、移动这两种鼠标事件的监听器对象类需实现 MouseMotionListener 接口，并实现其中的两个方法。

①public void mouseDragged(MouseEvent e)：负责处理拖动鼠标触发的鼠标事件。

②public void mouseMoved(MouseEvent e)：负责处理移动鼠标触发的鼠标事件。

(4) MouseEvent 事件

MouseEvent 提供了五个重要方法。

①getX()：获取鼠标指针在事件源坐标系中的 x 坐标。

②getY()：获取鼠标指针在事件源坐标系中的 y 坐标。

③getModifiers()：获取鼠标的左键或右键。鼠标的左建和右键分别使用 InputEvent 类中的常量 BUTTON1_MASK 和 BUTTON3_MASK 来表示。

④getClickCount()：获取鼠标被单击的次数。

⑤getSource()：获取发生鼠标事件的事件源。

【例题 10.17】

```
import javax.swing.*;
import java.awt.event.*;
import java.awt.*;
class MyJFrame extends JFrame implements MouseListener,MouseMotionListener{
    int a,b,x0,y0,x,y;
    JButton button = new JButton("用鼠标拖动我");
    JTextArea area = new JTextArea(10,20);
    MyJFrame(String s,int x,int y,int w,int h){
        setLayout(new FlowLayout());
        setTitle(s);
        setBounds(x,y,w,h);
        setDefaultCloseOperation(EXIT_ON_CLOSE);
```

```
        button.addMouseListener(this);
        button.addMouseMotionListener(this);
        add(button);
        add(new JScrollPane(area));
    }
    public void mousePressed(MouseEvent e){
        area.append("\n 鼠标按下,位置:(" + e.getX() + "," + e.getY() + ")");
        JComponent com = (JComponent)e.getSource();
        a = com.getBounds().x;
        b = com.getBounds().y;
        x0 = e.getX();
        y0 = e.getY();
    }
    public void mouseReleased(MouseEvent e){
    }
    public void mouseEntered(MouseEvent e){
    }
    public void mouseExited(MouseEvent e){
    }
    public void mouseClicked(MouseEvent e){
    }
    public void mouseMoved(MouseEvent e){
    }
    public void mouseDragged(MouseEvent e){
        Component com = null;
        if(e.getSource() instanceof Component){
            com = (Component)e.getSource();
            a = com.getBounds().x;
            b = com.getBounds().y;
            x = e.getX();
            y = e.getY();
            a = a + x;
            b = b + y;
            com.setLocation(a - x0,b - y0);
        }
    }
}
```

```
public class MouseActionDemo{
    public static void main(String args[]){
        MyJFrame myJFrame = new MyJFrame("处理鼠标事件",100,100,400,300);
        myJFrame.setVisible(true);
    }
}
```

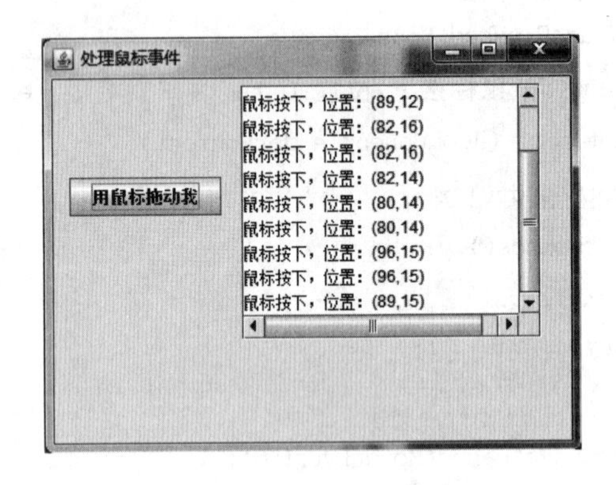

图 10-24　处理鼠标事件

4. FocusEvent 事件

(1)事件源

任何组件都可以触发 FocusEvent 事件。当组件从无输入焦点变成有输入焦点或从有输入焦点变成无输入焦点时，都会触发 FocusEvent 事件。

(2)注册监听器

事件源通过使用 addFocusListener 方法，注册监听器对象。

(3)监听器对象类

监听器对象类需实现 FocusListener 接口，并实现其中的方法。

①public void focusGained(FocusEvent e)：获取焦点。

②public void focusLost(FocusEvent e)：失去焦点。

事件源产生 FocusEvent 事件后，监听器对象执行 focusGained 或 focusLost 方法对事件进行处理，此时产生的 FocusEvent 事件对象会传递给这些方法的参数 e。

5. KeyEvent 事件

(1)事件源

当按下、释放或敲击键盘上一个键时，就触发了键盘事件。在 Java 事件模式中，必须有发生事件的事件源。当一个组件处于激活状态时，敲击键盘上的一个键就导致这个组件触发键盘事件。

(2)注册监听器

事件源通过使用 addKeyListener 方法，注册监听器对象。

(3)监听器对象类

监听器对象类需实现 KeyListener 接口,并实现其中的三个方法。

①public void keyPressed(KeyEvent e):按下键。

②public void keyTyped(KeyEvent e):按下后释放键。

③public void keyReleased(KeyEvent e):释放键。

事件源产生 FocusEvent 事件后,监听器对象执行 keyPressed、keyTyped 或 keyReleased 方法对事件进行处理,此时产生的 KeyEvent 事件对象会传递给这些方法的参数 e。

(4)KeyEvent 事件

KeyEvent 提供了几个重要方法。

①public int getKeyCode():判断哪个键被按下、敲击或释放,返回键码值。

②public char getKeyChar():返回键上的字符。

10.4.3 事件处理机制

1. 授权模式

Java 的事件处理是基于授权模式的,组件将事件的处理委托给监听器来处理,组件只负责绘制图形,监听器对象负责处理事件。

2. 接口回调

Java 语言使用接口回调技术实现处理事件的过程:

addXXXListener(XXXListener listener)

方法中的参数是接口,listener 可以引用任何实现了该接口的类所创建的对象,当事件源发生事件时,接口 listener 立刻回调被类实现的接口中的某个方法。

3. 方法绑定

从方法绑定角度看,Java 将某种事件的处理绑定到对应的接口,即绑定到接口中的方法,也就是说,当事件源触发事件后,监听器准确知道去调用哪个方法。

4. 保持松耦合

监听器和事件源应该保持一种松耦合关系,也就是说,尽量让事件源所在的类和监听器是组合关系。当事件源触发事件后,系统知道某个方法会被执行,但无须关心到底是哪个对象去调用了这个方法,因为任何实现接口的类的实例(作为监听器)都可以调用这个方法来处理事件。

组件负责绘制图形,监听器对象负责处理事件,组件和监听器各负其责,共同实现图形用户界面的统一目标。

10.5 对话框 JDialog

10.5.1 创建对话框

对话框通常用来设计具有依赖关系的窗口。通常在已有的窗口基础上创建对话框。这个已有的窗口称为“父窗口”，新创建的对话框是“子窗口”。对话框的创建可以通过类 javax. swing. JDialog 的构造方法来实现。

public JDialog(Dialog owner,String title,boolean modal)

public JDialog(Frame owner,String title,boolean modal)

参数 owner 指定对话框的父窗口，参数 title 指定当前对话框的标题，参数 modal 指定对话框的模式，true 表示有模式对话框，false 表示无模式对话框。有模式对话框，会堵塞其他线程的执行；无模式对话框，不堵塞其他线程。

【例题 10.18】

点击按钮创建对话框。

```
import javax.swing.*;
import java.awt.event.*;
import java.awt.*;
class MyJFrame extends JFrame implements ActionListener{
    MyJFrame(String s,int x,int y,int w,int h){
        setLayout(new FlowLayout());
        setTitle(s);
        setBounds(x,y,w,h);
        setDefaultCloseOperation(EXIT_ON_CLOSE);
        JButton button = new JButton("弹出对话框");
        add(button);
        button.addActionListener(this);
    }
    public void actionPerformed(ActionEvent e) {
        JDialog d = new JDialog(this,"对话框",true);
        d.add(new JLabel("您好"));
        d.setBounds(100, 400, 100, 100);
        d.setVisible(true);
    }
}
```

```
public class JDialogDemo {
    public static void main(String args[]){
        MyJFrame myJFrame = new MyJFrame("框架",100,100,400,300);
        myJFrame.setVisible(true);
    }
}
```

运行结果如图 10-25 所示。

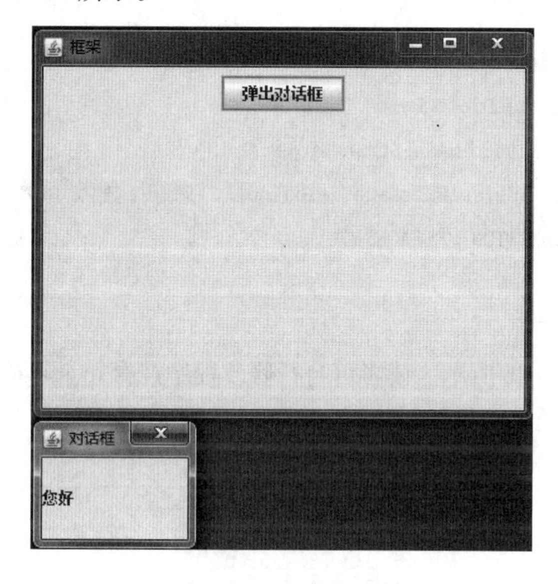

图 10-25 有模式对话框

在 JDialog 构造方法中，当参数 modal 取值 true 时，创建有模式对话框；取值 false 时，创建无模式对话框。

读者可自行修改上例，领会二者区别。

10.5.2 常用有模式对话框

javax.swing 包中的类 JOptionPane、JColorChooser、JFileChooser 提供了一些现成的常用有模式对话框，这些对话框称为标准对话框，具体如下。

1. 消息对话框

javax.swing.JOptionPane 类提供方法：

public static void showMessageDialog(Component parentComponent, Object message, String title, int messageType)

创建一个消息对话框，参数 parentComponent 指定消息对话框的父窗口，如果 parentComponent 为 null，消息对话框默认出现在屏幕的正前方；如果不为 null，则消息对话框在父窗口 parentComponent 正前方居中显示；message 指定对话框上显示的消息；title 指定对话框的标题；messageType 指定对话框的外观，可以取值：

①JOptionPane. INFORMATION_MESSAGE；

②JOptionPane. WARNING_MESSAGE；

③JOptionPane. ERROR_MESSAGE；

④JOptionPane. QUESTION_MESSAGE；

⑤JOptionPane. PLAIN_MESSAGE。

【例题 10.19】

```
import javax.swing.JOptionPane;
public class MessageDialogDemo{
    public static void main(String args[]){
        JOptionPane.showMessageDialog(null,"您好","输入",JOptionPane.
          INFORMATION_MESSAGE);
    }
}
```

运行结果如图 10-26 所示。读者可自行修改程序查看 messageType 的各种取值。

图 10-26　消息对话框

2. 输入对话框

输入对话框含有供用户输入文本的文本框、一个确定按钮和一个取消按钮，是有模式对话框。

javax. swing. JOptionPane 类提供方法：

public staticString showInputDialog（Component parentComponent, Object message, String title, int messageType）

创建一个输入对话框，参数与消息对话框类似。

单击输入对话框上的确定按钮、取消按钮或关闭图标，都可以使对话框消失。如果单击的是确定按钮，输入对话框将返回用户在对话框的文本框中输入的字符串，否则返回 null。

【例题 10.20】

```
import javax.swing.JOptionPane;
public class InputDialogDemo{
    public static void main(String args[]){
```

```
        String str = JOptionPane.showInputDialog(null,"请输入","对话框",
          JOptionPane.INFORMATION_MESSAGE);
        System.out.println(str);
    }
}
```

运行结果如图 10-27 所示。

图 10-27 输入对话框

3. 确认对话框

javax.swing.JOptionPane 类提供方法：

public staticint showConfirmDialog (Component parentComponent, Object message, String title,int messageType)

创建一个确认对话框，参数与消息对话框类似，messageType 指定对话框的外观，可以取值：

①JOptionPane.YES_NO_OPTION；

②JOptionPane.YES_NO_CANCEL_OPTION；

③JOptionPane.OK_CANCEL_OPTION。

当确认对话框消失后，方法返回下列整数值之一。

①JOptionPane.YES_OPTION；

②JOptionPane.NO_OPTION；

③JOptionPane.CANCEL_OPTION；

④JOptionPane.OK_OPTION；

⑤JOptionPane.CLOSED_OPTION。

返回的具体值依赖于用户所单击的对话框上的按钮和对话框上的关闭按钮。

【例题 10.21】

```
import javax.swing.JOptionPane;
public class ConfirmDialogDemo{
    public static void main(String args[]){
        int i = JOptionPane.showConfirmDialog(null,"确认是否正确","确认对话框",
JOptionPane.OK_CANCEL_OPTION);
```

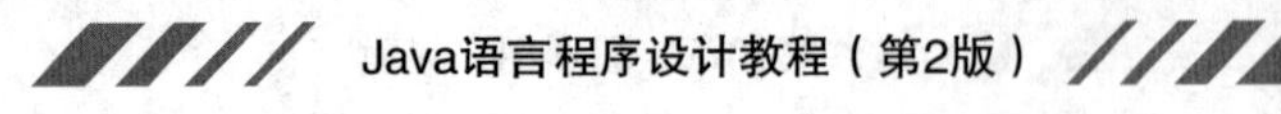

```
            System.out.println(i);
        }
    }
```

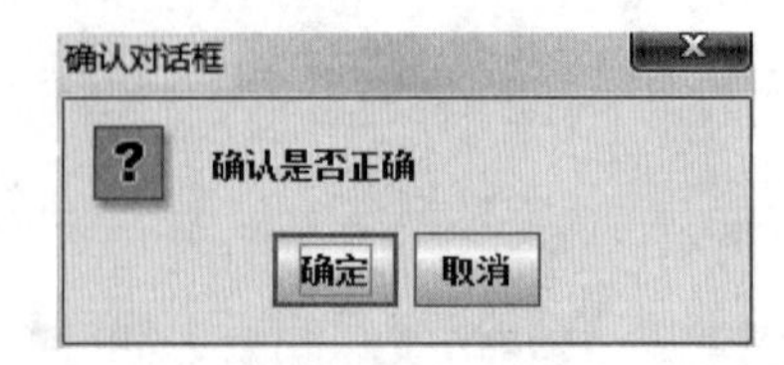

图 10-28 确认对话框

【例题 10.22】

```
import javax.swing.*;
import static javax.swing.JFrame.*;
import java.awt.event.*;
import java.awt.*;
class MyJFrame extends JFrame implements ActionListener{
    JTextField inputName;
    JTextArea save;
    MyJFrame(String s,int x,int y,int w,int h){
        setLayout(new FlowLayout());
        setTitle(s);
        setBounds(x,y,w,h);
        setDefaultCloseOperation(EXIT_ON_CLOSE);
        inputName = new JTextField(10);
        save = new JTextArea(8,10);
        add(inputName,BorderLayout.NORTH);
        add(new JScrollPane(save),BorderLayout.CENTER);
        inputName.addActionListener(this);
        setVisible(true);
    }
    public void actionPerformed(ActionEvent e){
        String s = inputName.getText();
        int n = JOptionPane.showConfirmDialog(this,"确认是否正确","确认对话框",
JOptionPane.YES_NO_OPTION);
        if(n = = JOptionPane.YES_OPTION){
            save.append(s + "\n");
            inputName.setText(null);
        }else if(n = = JOptionPane.NO_OPTION){
            inputName.setText(null);
```

```
            }
        }
    }
    public class ConfirmDialogTest{
        public static void main(String args[]){
            MyJFrame myJFrame = new MyJFrame("带确认对话框的窗口",100,100,220,300);
        }
    }
```

运行结果如图 10-29 所示。

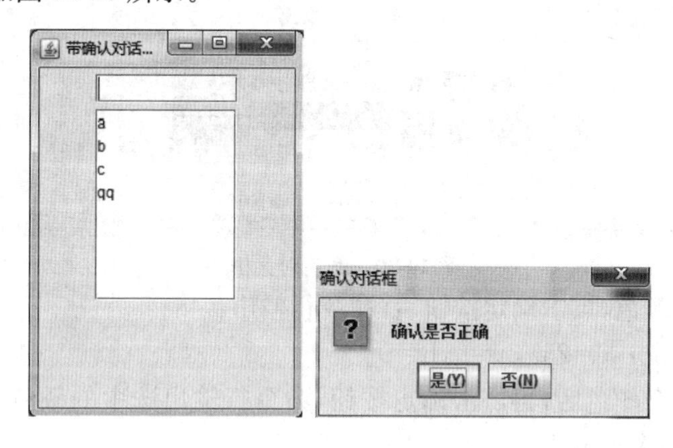

图 10-29 确认对话框

用户在文本框中输入账户名称，按回车键后，将弹出一个确认对话框。如果单击确认对话框上的"是(Y)"按钮，就将名字放入文本区。

4. 颜色对话框

javax. swing. JColorChooser 类提供方法：

public static Color showDialog(Component component,String title,Color initialColor)

创建一个有模式的颜色对话框，其中参数 component 指定父窗口，参数 title 指定对话框的标题，参数 initialColor 指定颜色对话框的初始颜色。

【例题 10. 23】

```
import java.awt.Color;
import javax.swing.JColorChooser;;
public class ColorDialogDemo{
    public static void main(String args[]){
        Color newColor = JColorChooser.showDialog(null, "颜色对话框", Color.red);
        System.out.println(newColor.toString());
    }
}
```

运行结果如图 10-30 所示。

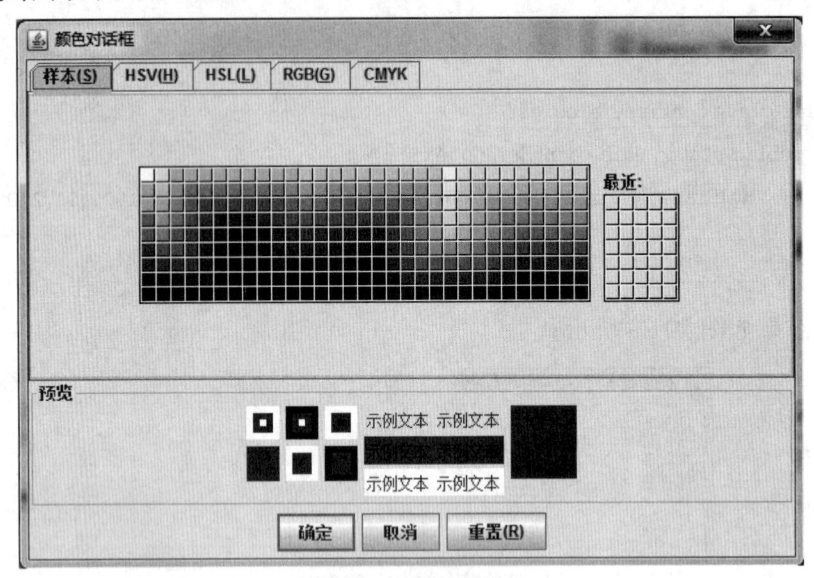

图 10-30 颜色对话框

不选择任何颜色，点击确定按钮后，命令行输出：

java.awt.Color[r=255,g=0,b=0]

如果选择某个颜色后，再点击确定按钮，命令行输出选中的颜色的字符串表示，如选择绿色后，命令行输出：

java.awt.Color[r=0,g=255,b=102]

【例题 10.24】

```
import javax.swing.*;
import static javax.swing.JFrame.*;
import java.awt.event.*;
import java.awt.*;
class MyJFrame extends JFrame implements ActionListener{
    JButton button;
    MyJFrame(String s,int x,int y,int w,int h){
        setLayout(new FlowLayout());
        setTitle(s);
        setBounds(x,y,w,h);
        setDefaultCloseOperation(EXIT_ON_CLOSE);

        button = new JButton("打开颜色对话框");
        button.addActionListener(this);
        add(button);
    }
    public void actionPerformed(ActionEvent e){
        Color newColor = JColorChooser.showDialog(this,"调色板",getContentPane().
```

```
getBackground());
        if(newColor! = null){
            getContentPane().setBackground(newColor);
        }
    }
}
public class ColorDialogTest{
    public static void main(String args[]){
        MyJFrame myJFrame = new MyJFrame("带颜色对话框的窗口",100,100,220,300);
        myJFrame.setVisible(true);

    }
}
```

运行结果如图 10-31 所示。

图 10-31 颜色对话框

当用户点击按钮时，弹出一个颜色对话框，然后根据用户选择的颜色来改变窗口的背景。

5. 文件对话框

javax.swing 包中的 JFileChooser 类可以创建文件对话框，使用该类的构造方法 JFileChooser()创建初始不可见的有模式的文件对话框，然后调用下述两个方法：

int showSaveDialog(Component a);

int showOpenDialog(Component a);

分别创建保存文件对话框和打开文件对话框。参数 a 指定对话框的父窗口。

用户单击文件对话框上的“确定”“取消”或“关闭”图标，文件对话框消失，返回下列常量之一：

- JFileChooser.APPROVE_OPTION;
- JFileChooser.CANCE_OPTION。

【例题 10.25】

使用文件对话框打开和保存文件。

```
import javax.swing.*;
import static javax.swing.JFrame.*;
import java.awt.event.*;
import java.awt.*;
import java.io.*;
class MyJFrame extends JFrame implements ActionListener{
    JFileChooser fileDialog;
    JMenuBar menubar;
    JMenu menu;
    JMenuItem itemSave,itemOpen;
    JTextArea text;
    BufferedReader in;
    FileReader fileReader;
    BufferedWriter out;
    FileWriter fileWriter;
    MyJFrame(String s,int x,int y,int w,int h){
        setLayout(new FlowLayout());
        setTitle(s);
        setBounds(x,y,w,h);
        setDefaultCloseOperation(EXIT_ON_CLOSE);

        text = new JTextArea(10,60);
        add(new JScrollPane(text),BorderLayout.CENTER);
        menubar = new JMenuBar();
        menu = new JMenu("文件");
        itemSave = new JMenuItem("保存文件");
        itemOpen = new JMenuItem("打开文件");
        itemSave.addActionListener(this);
        itemOpen.addActionListener(this);
        menu.add(itemSave);
        menu.add(itemOpen);
        menubar.add(menu);
        setJMenuBar(menubar);
        fileDialog = new JFileChooser();
        setVisible(true);
    }
    public void actionPerformed(ActionEvent e){
        if(e.getSource() = = itemSave){
            int state = fileDialog.showSaveDialog(this);
            if(state = = JFileChooser.APPROVE_OPTION){
```

```
                try{
                    File dir = fileDialog.getCurrentDirectory();
                    String name = fileDialog.getSelectedFile().getName();
                    File file = new File(dir,name);
                    fileWriter = new FileWriter(file);
                    out = new BufferedWriter(fileWriter);
                    out.write(text.getText());
                    out.close();
                    fileWriter.close();
                }catch(IOException exp){

                }
            }

        }else if(e.getSource() = = itemOpen){
            int state = fileDialog.showOpenDialog(this);
            if(state = = JFileChooser.APPROVE_OPTION){
                try{
                    File dir = fileDialog.getCurrentDirectory();
                    String name = fileDialog.getSelectedFile().getName();
                    File file = new File(dir,name);
                    fileReader = new FileReader(file);
                    in = new BufferedReader(fileReader);
                    String s = null;
                    while((s = in.readLine())! = null){
                        text.append(s + "\n");
                    }
                    in.close();
                    fileReader.close();
                }catch(IOException exp){

                }
            }
        }
    }
    }
public class FileOpenSaveDemo{
    public static void main(String args[]){
        MyJFrame myJFrame = new MyJFrame("使用文件对话框读写文件",100,100,620,300);
    }
}
```

运行结果如图 10-32、图 10-33 所示。

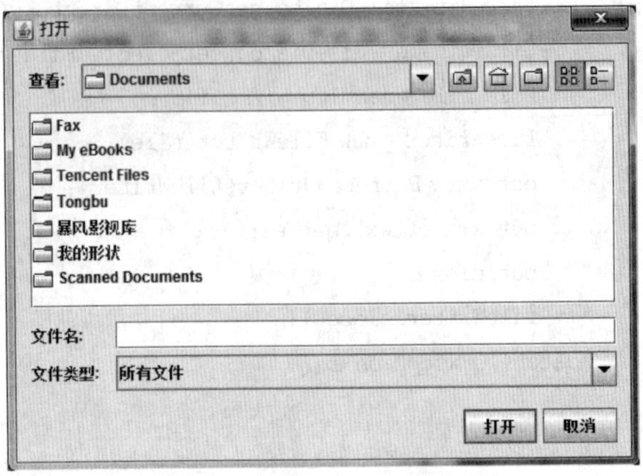

图 10-32 “打开”对话框

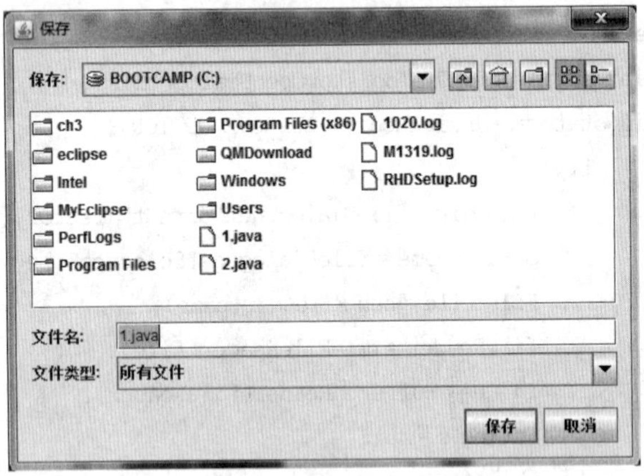

图 10-33 “保存”对话框

10.6 发布 GUI 程序

10.6.1 使用 jar 工具

Java 的 jar 工具可以将应用程序中涉及的类压缩成一个 JAR 文件，从而实现程序的发布，用户可以用鼠标双击执行该压缩文件，如 MyApp. jar，或者使用 java 解释器执行：

java-jar MyApp. jar

假设 C:\test 目录中的应用程序有两个类 A、B，其中 A 是主类。生成一个 JAR 文件的步骤如下。

①使用文本编辑器（如 Windows 下的记事本）编写一个清单文件 Mymoon. mf，内容为：

Mymoon. mf：

Manifest-Version：1. 0

Main-Class：A

Created-By：1. 8

编写清单文件时，在“Manifest-Version：”和“1. 0”之间，“Main-Class：”和“A”之间，“Created-By：”和“1. 8”之间必须有且只有一个空格。保存 Mymoon. mf 到 C：\test 下。其中 1. 8 表示 Java 版本号，A 为主类名。

②生成 JAR 文件。

C：\test\jar cfm MyApp. jar Mymoon. mf A. class B. class

其中参数 c 表示要生成一个新的 JAR 文件，f 表示要生成的 JAR 文件的名字，m 表示清单文件的名字。

现在就可以将 MyApp. jar 文件复制到任何一个安装了 Java 运行环境的计算机上，只要用鼠标双击该文件，就可以运行该应用程序。

10. 6. 2　使用 Eclipse

Eclipse 可以直接导出 JAR 文件，方法如下。

①在 Eclipse 中选择要导出的类、包或者项目，右击，选择“导出”子选项，如图 10-34所示。

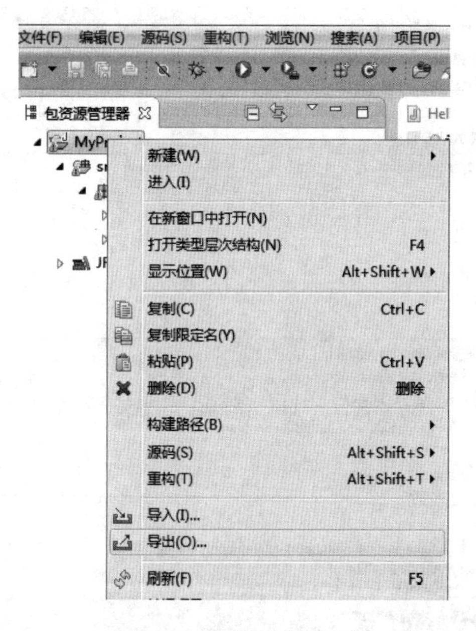

图 10-34　选择导出菜单

②在“导出”的“选择”界面，选择“Java”，再选择“JAR 文件”，单击“下一步”，如图 10-35 所示。

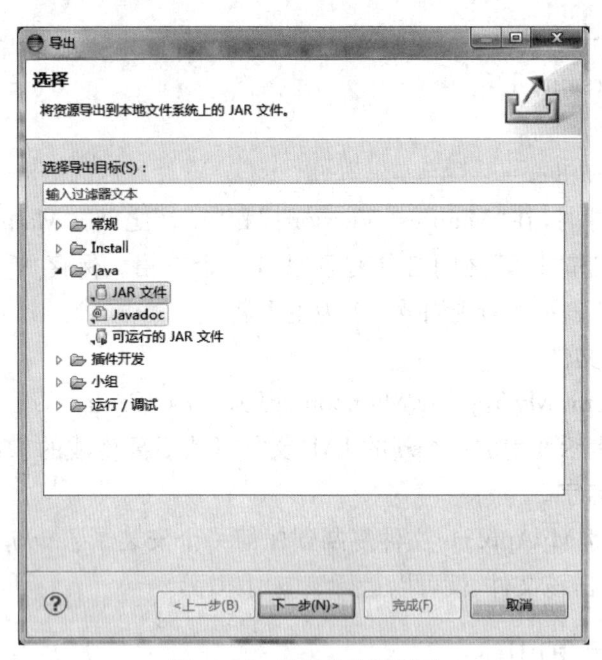

图 10-35　导出的选择界面

③在“JAR 导出”的“JAR 文件规范”界面，选中“导出生成的类文件和资源”和“导出 Java 源文件和资源”，并在“JAR 文件”后面的文本框中选择要生成的 jar 包的位置以及名字，单击“下一步”，如图 10-36 所示。

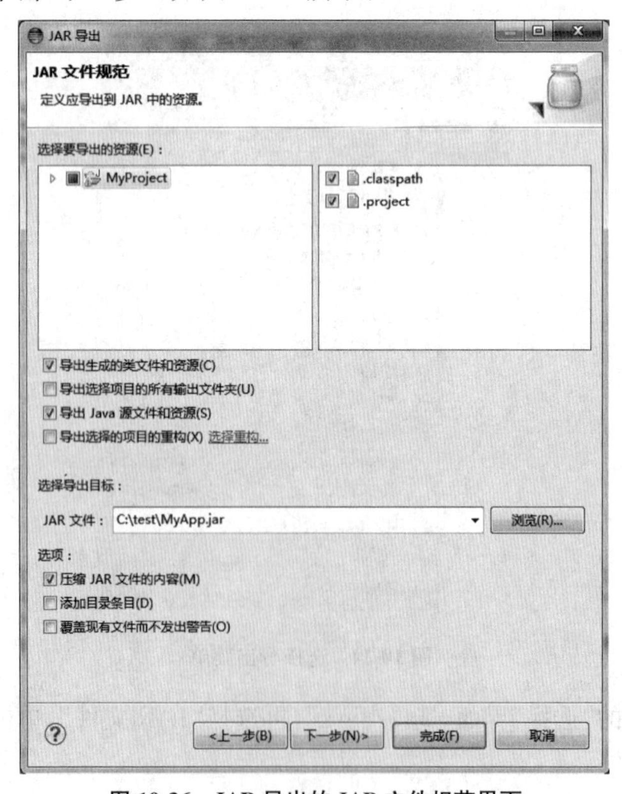

图 10-36　JAR 导出的 JAR 文件规范界面

④单击两次“下一步”按钮，到达“JAR 导出”的“JAR 清单规范”界面。在下方“Main 类”后面的文本框中选择 jar 包的入口类“Test”，单击“完成”，如图 10-37 所示。

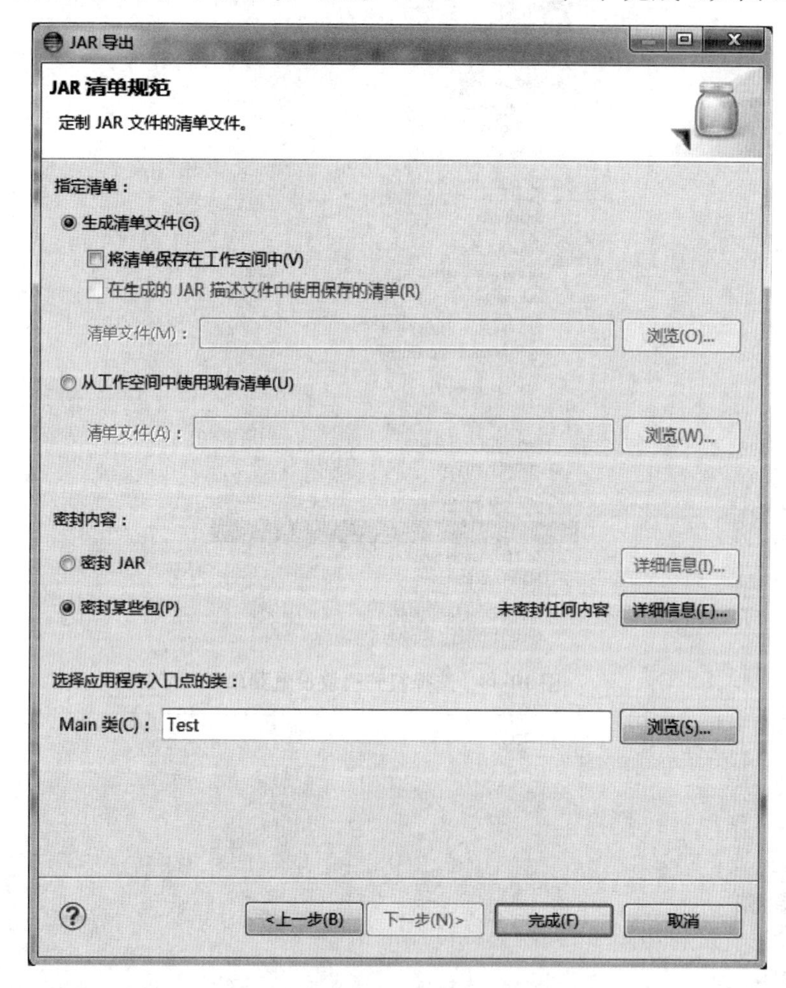

图 10-37　JAR 导出的 JAR 清单规范界面

之后，在 c:\test 下就生成了 MyApp.jar 文件。双击即可执行程序。

10.6.3　使用 IDEA

IDEA 可以直接导出 JAR 文件，方法如下。

①在 Idea 中选择某一项目，右击，选择“Open Module Settings”选项，如图 10-38 所示。

②在“Project Structure”对话框中，选择“Project Settings”里面的“Artifacts”，如图 10-39 所示。

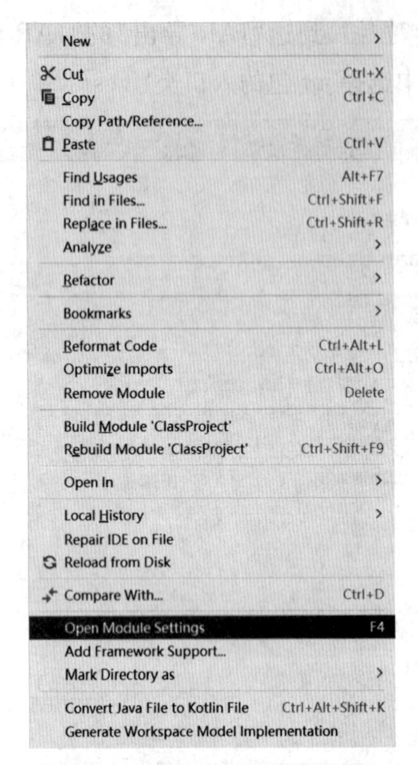

图 10-38　选择打开模块设置菜单

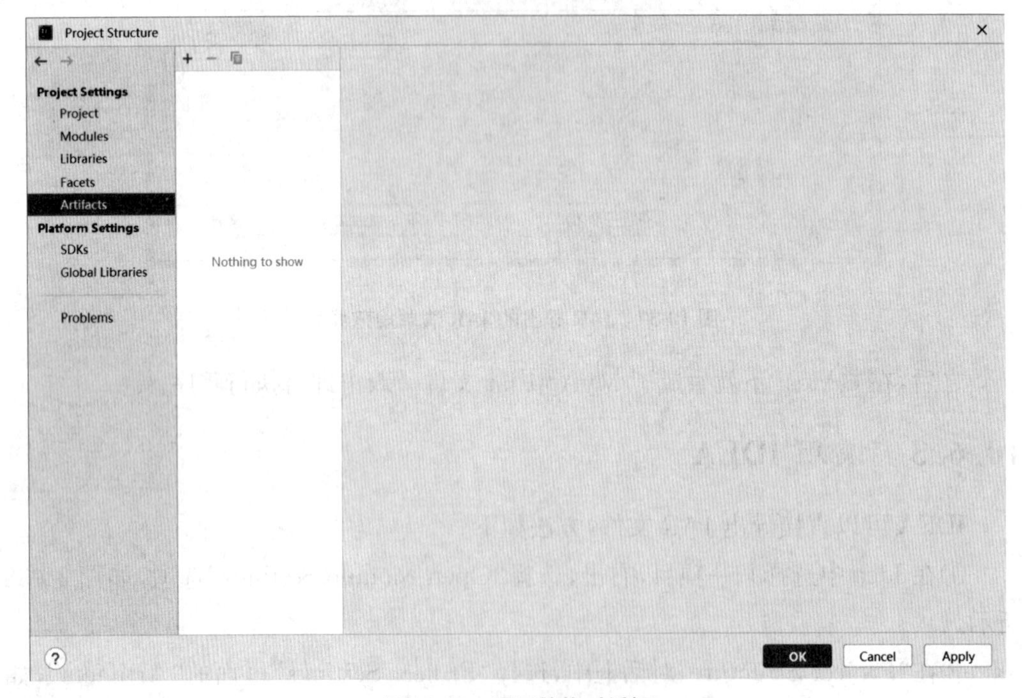

图 10-39　项目结构对话框

③选择“+”来新增一个 JAR 文件，并选择“From modules with dependencies”，如图 10-40 所示。

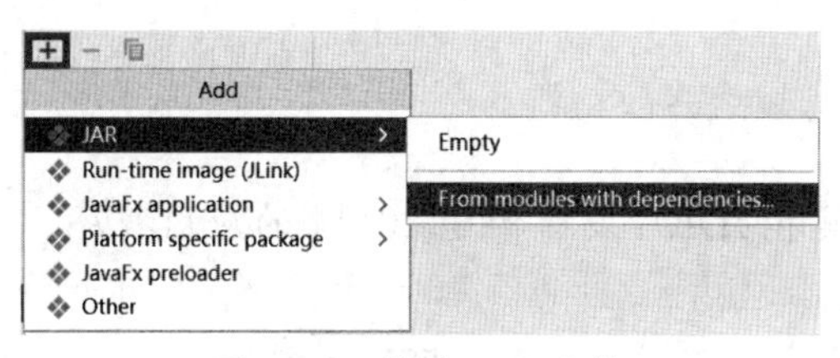

图 10-40　新建 JAR 文件

④设置导出的 JAR 文件的主类名“Main Class”，可同时设置 MANIFEST. MF 的保存路径，如图 10-41 所示。

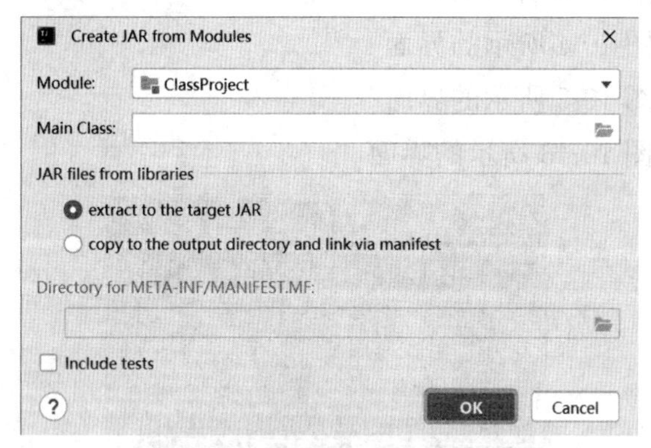

图 10-41　创建 JAR 的设置对话框

⑤在如图 10-42 所示的窗口中可以设置 JAR 文件的输出目录，并勾选上“Include in project build”，这样在每次编译运行之后都会在输出目录中生成 JAR 文件，双击此文件即可运行。

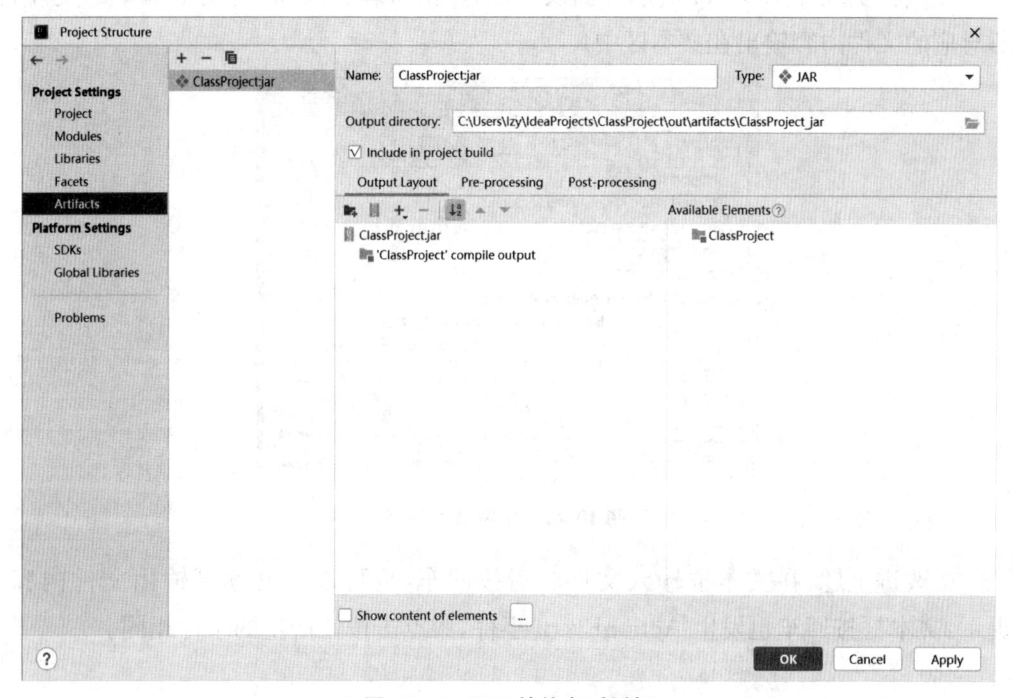

图 10-42　JAR 的信息对话框

课堂练习 10.5

分别使用jar工具和IDEA发布例题10.14的应用程序。

习 题 10

1. 编程实现如图10-3所示的界面。
2. 编程实现如图10-4所示的界面。
3. 编程实现如图10-5所示的界面。
4. 编程实现如图10-43所示的界面。

图 10-43 窗体设计

5. 编程实现如图10-44所示界面及功能，点击“读取”按钮，将文本框中的文件名所对应的文件内容输出在文本区中。

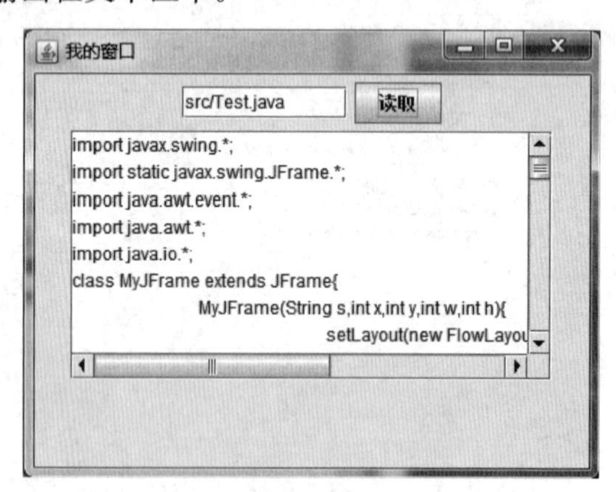

图 10-44 按钮事件处理

6. 改进上题，在文本框输入文件名后按回车，也可以在文本区输出文件内容。提示：文本框按回车也发生ActionEvent事件，跟点击按钮产生的事件相同。

7. 编程实现如图 10-45 所示界面及功能，当点击每个按钮时，在文本框中输出按钮上的文字。

图 10-45　按钮事件处理

8. 编程实现如图 10-46 所示的界面，通过输入三角形三边的长，计算出三角形的面积。

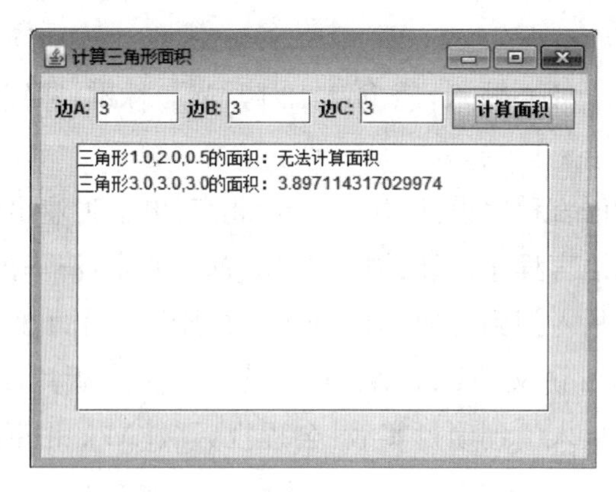

图 10-46　计算三角形面积

9. 编程实现如图 10-47 所示的计算器界面及功能。

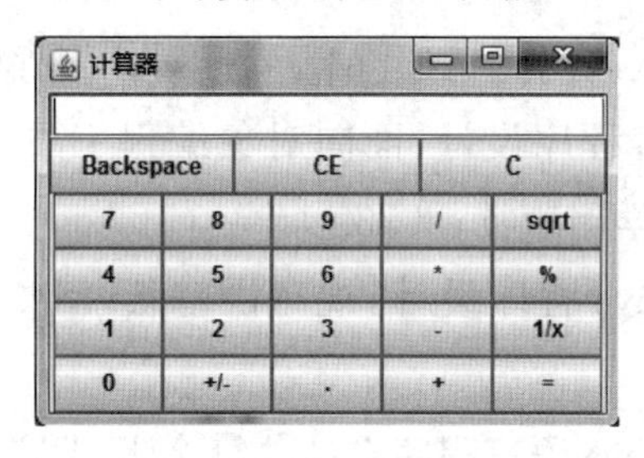

图 10-47　计算器

参考文献

[1] 丁振凡. Java 8 入门与实践:微课视频版[M]. 北京:中国水利水电出版社,2019.

[2] 丁振凡. Java 8 入门与实践实验指导及习题解析:微课视频版[M]. 北京:中国水利水电出版社,2019.

[3] 耿祥义,张跃平. Java 2 实用教程:题库+微课视频版[M]. 6 版. 北京:清华大学出版社,2021.

[4] 霍斯特曼. Java 核心技术:原书第 12 版[M]. 林琪,苏钰涵,译. 北京:机械工业出版社,2022.

[5] 姜志强. Java 语言程序设计[M]. 2 版. 北京:电子工业出版社,2021.

[6] 阚道宏. Java 语言程序设计:MOOC 版[M]. 北京:清华大学出版社,2019.

[7] 孔祥月. Java 从入门到精通[M]. 北京:中国商业出版社,2023.

[8] 李刚. 疯狂 Java 讲义[M]. 5 版. 北京:电子工业出版社,2019.

[9] 李兴华. Java 从入门到项目实战:全程视频版[M]. 北京:中国水利水电出版社,2019.

[10] 梁勇. Java 语言程序设计. 进阶篇:原书第 12 版[M]. 戴开宇,译. 北京:机械工业出版社,2021.

[11] 明日科技. Java 从入门到精通[M]. 7 版. 北京:清华大学出版社,2023.

[12] 沈泽刚. Java 语言程序设计:面向对象编程·项目案例·题库·微课视频版[M]. 4 版. 北京:清华大学出版社,2023.

[13] 施威铭研究室. Java 程序设计:视频讲解版[M]. 6 版. 北京:中国水利水电出版社,2021.

[14] 孙莉娜,张校磊. Java 语言程序设计[M]. 2 版. 北京:清华大学出版社,2019.

[15] 希尔特. Java 官方编程手册:Java17:原书第 12 版[M]. 石磊,卫琳,译. 北京:清华大学出版社,2023.

[16] 姚海军. Java 语言程序设计[M]. 西安:西安电子科技大学出版社,2020.

[17] 张爱娟,杨东平. Java 语言程序设计[M]. 西安:西安电子科技大学出版社,2023.

[18] 张思民,康恺. Java 语言程序设计:从入门到大数据开发[M]. 4 版. 北京:清华大学出版社,2022.